H7N9 流感百问

廖　明　主编

中国农业大学出版社
· 北京 ·

内 容 简 介

全书共分 5 章，内容涉及 H7N9 流感病毒病原学、H7N9 流感的流行病学、人感染 H7N9 流感、H7N9 流感的防控以及进出境和对外贸易 H7N9 流感的防控等，以问答的形式将 H7N9 流感相关专业知识展示给读者，既通俗易懂，又不失专业性和权威性。本书的撰写除了参考国内外已发表的相关文献外，还融入了编者在 H7N9 流感防控工作和科研工作中的实践经验和研究成果，旨在帮助读者更全面深入地了解 H7N9 流感。

图书在版编目(CIP)数据

H7N9 流感百问 / 廖明主编. —北京：中国农业大学出版社，2018.1
ISBN 978-7-5655-1950-5

Ⅰ.①H… Ⅱ.①廖… Ⅲ.①禽病-流行性感冒-人畜共患病-防治-问题解答 Ⅳ.①R511.7-44

中国版本图书馆 CIP 数据核字(2017)第 297814 号

书　　名 H7N9 流感百问
作　　者 廖　明　主编

策划编辑 王艳欣　　**责任编辑** 王艳欣
封面设计 郑　川
出版发行 中国农业大学出版社
社　　址 北京市海淀区圆明园西路 2 号　　**邮政编码** 100193
电　　话 发行部 010-62818525,8625　　读者服务部 010-62732336
编辑部 010-62732617,2618　　出 版 部 010-62733440
网　　址 http://www.caupress.cn　　**E-mail** cbsszs@cau.edu.cn
经　　销 新华书店
印　　刷 北京时代华都印刷有限公司
版　　次 2018 年 1 月第 1 版　2018 年 1 月第 1 次印刷
规　　格 787×1 092　16 开本　12.75 印张　190 千字
定　　价 48.00 元

编委会

主　编　廖　明

副主编　贾伟新　殷三鸿　沈　丹　卢受昇　柯昌文

参加编写人员及单位（按姓氏笔画为序）

王　令　广州市动物卫生监督所

亓文宝　华南农业大学

卢受昇　广东省动物疫病预防控制中心

田纯见　广东出入境检验检疫局检验检疫技术中心

朱建翠　广州市动物卫生监督所

向　华　广东省农业科学院动物卫生研究所

刘志玲　广东出入境检验检疫局检验检疫技术中心

杨舒展　广东出入境检验检疫局检验检疫技术中心

何日文　广州市动物卫生监督所

余希尧　广东省动物疫病预防控制中心

邹丽容　广东省疾病预防控制中心

沈　丹　广州市动物卫生监督所

张春红　广东省农业科学院动物卫生研究所

张险朋　东莞市动物疫病预防控制中心

张海冰　广州市动物卫生监督所

陈　裕　广州市动物卫生监督所

武　婕　广东省疾病预防控制中心

林　鸿　广州市动物卫生监督所

郑丽兰　广州市动物卫生监督所
柯昌文　广东省疾病预防控制中心
钟锦辉　广州市动物卫生监督所
洪伟彬　东莞市动物疫病预防控制中心
袁润余　广东省疾病预防控制中心
贾伟新　华南农业大学
徐振娜　东莞市动物疫病预防控制中心
殷三鸿　东莞市动物疫病预防控制中心
高慧敏　广东省动物疫病预防控制中心
黄　森　广州市动物卫生监督所
黄育浩　东莞市动物疫病预防控制中心
黄炳炽　东莞市动物疫病预防控制中心
温肖会　广东省农业科学院动物卫生研究所
谢淑敏　华南农业大学
廖　明　华南农业大学
魏文康　广东省农业科学院动物卫生研究所

前　言

H7N9 亚型流感病毒是一种新型流感病毒，可感染禽和人。与其他亚型禽流感病毒不同，H7N9 亚型流感病毒的公共卫生影响非常显著。根据世界卫生组织（WHO）报告统计，自 2013 年 3 月中国首次报道人感染 H7N9 亚型流感以来，截至 2017 年 9 月 5 日，全球共有 1 589 例人感染 H7N9 亚型流感实验室确诊病例。特别是 2016 年入冬以来，我国出现人感染该亚型病毒病例数直线上升的情况，呈现疫情出现早、强度大、持续时间久的特点。根据国家卫生和计划生育委员会应急办公室网站定期公布的我国 H7N9 疫情数据统计（不包括香港、澳门和台湾的统计数据），2017 年 2 月 6 日至 9 月 7 日，共报告 H7N9 亚型流感病例 408 例，死亡 67 人，显著高于往年同期。发病数较多的省份依次为江苏、浙江、湖南、广东、安徽等。监测数据还显示，环境污染与人感染病例发生的时空维度高度一致，即污染水平升高，人感染风险也随之增加。2017 年 2 月 19 日中国疾病预防控制中心发布信息称从人感染病例中发现 H7N9 病毒变异株，变异株血凝素（HA）裂解位点处发生插入性突变，呈现强毒株的分子特征，这是我国官方首次公布发现高致病性 H7N9 亚型流感病毒。而在 2017 年 1 月，农业部门在活禽交易市场也发现了具有高致病性分子特征的 H7N9 亚型流感病毒，随后全国各地有零星家禽 H7N9 疫情发生，截至 2017 年 9 月 12 日，我国已公布了 9 起家禽 H7N9 亚型流感疫情，其中 8 起发生于蛋鸡，1 起发生于肉鸡。虽然国家已批准 H7N9 疫苗在家禽中使用，但由于 H7N9 亚型流感病毒具有易突变的特点，现有家禽养殖模式及消费方式也难以在短时间内发生根本性改变，因此 H7N9 流感的防控形势仍然不容乐观。为了及时总结 H7N9 流感研究成果，消除公众恐慌，更好地指导 H7N9 流感防控，我们组织了参加 H7N9 流感研究和防控工作的专家编写了本书，以便为各级动物疫病控制工作者、家禽从业者、疾病预防和临床工作者、科研工作者以及普通公众提供一本较为全面的参考书。

全书共分 5 章，内容涉及 H7N9 流感病毒病原学、H7N9 流感的流行病学、人感染 H7N9 流感、H7N9 流感的防控以及进出境和对外贸易 H7N9 流感的防控等，以问答的形式将 H7N9 流感相关专业知识展示给读者，既通俗易懂，又不失专业性和权威性。本书的撰写除了参考国内外已发表的相关文献外，还融入了编者在 H7N9 流感防控工作和科研工作中的实践经验和研究成果，旨在帮助读者更全面深入地了解 H7N9 流感。

由于编者知识、水平和能力所限，加之 H7N9 亚型流感病毒变异频繁，新技术、新知识不断涌现，国家新的防控政策也不断出台，虽然参编者已尽全力，但遗漏和错误在所难免，恳请同行专家和读者见谅，并不吝指正。

编者

2017 年 9 月

目　　录

第一章　H7N9 流感病毒病原学

1．H7N9 流感病毒的结构是怎样的？

H7N9 流感病毒属于正黏病毒科甲型流感病毒属。甲型流感病毒的主要特点是血清型复杂、宿主范围广和变异频繁。根据甲型流感病毒囊膜表面的两种糖蛋白刺突血凝素（hemagglutinin，HA）与神经氨酸酶（neuraminidase，NA）抗原特异性差异，甲型流感病毒可分为不同血清型，迄今为止已发现有 16 个 HA 亚型（H1～H16）和 9 个 NA 亚型（N1～N9）。理论上任何一对 HA 和 NA 均可组合成一个亚型，如 H1N1、H3N6、H7N9 等。甲型流感病毒的宿主范围广，可以感染人和多种动物（包括家禽、猪、马、犬、猫、海洋哺乳动物等）。根据宿主特异性，甲型流感病毒可分为人流感病毒、禽流感病毒（avian influenza virus，AIV）、猪流感病毒和马流感病毒等。迄今发现，在人类中流行的甲型流感病毒主要有 H1N1、H2N2 和 H3N2 亚型，感染猪的有 H1N1、H4N6 和 H9N2 亚型等，目前已发现的所有亚型均可感染禽类，且已在水禽中分离到所有 HA 和 NA 亚型，因此水禽是甲型流感病毒的天然宿主和基因储存库。由于宿主限制性因素，AIV 一般不容易跨物种传播感染人类，但自 1997 年中国香港发生 H5N1 亚型高致病性禽流感病毒感染人事件以来，人感染禽流感病毒的病例频繁发生，成为近年来持续引发关注的重大公共卫生事件。不同的禽流感病毒感染人群后临床症状表现各不相同，包括结膜炎、上呼吸道感染到肺炎甚至是急性呼吸窘迫综合征（ARDS）、多器官功能衰竭和死亡等。2013 年，H7N9 亚型流感病毒在我国长三角地区出现，在短时间内引起多人感染并造成严重疾病。目前该病毒已经扩散到我国多个省（自治区、直辖市），继续引发新的病例，对人类健康和公共卫生造成严重威胁，H7N9 亚型流感病毒相关的研究亦成为学界热点。而 H7N9 病毒的名称问题也一度成为人们争论的焦点，主要围绕在 H7N9 病毒是应该叫“H7N9 流感病毒”还是“H7N9 禽流感病毒”（参见本书第 23 页问题 12）。

与其他甲型流感病毒一样，H7N9 流感病毒为有包膜分节段的单股负链 RNA 病毒，其形状呈短杆状或球状，直径为 80～120 nm。病毒粒子的最外层为双层类脂囊膜，囊膜上有形态不一的蛋白，包括 HA 蛋白、NA 蛋白和基质蛋白 2（matrix protein 2，M2）。HA 为细长的钉状三聚体，单体由 HA1 和 HA2 多肽片段组成，是流感病毒的主要抗原成分，能与宿主细胞上的受体结合，介导病毒与宿主细胞结合；NA 为蘑菇状的四聚体，由球状的头部和纤细的茎部组成，能结合并水解细胞膜上受体末端的 *N*-乙酰神经氨酸，从而促进病毒的释放和扩散；M2 是非糖基化的四聚体，大量表达于感染细胞的表面，具有对病毒脱壳和出芽起重要作用的离子通道活性。三种糖蛋白刺突均插入类脂膜并以疏水性氨基酸为锚固定在类脂膜上。病毒的中间层为类脂膜下的基质蛋白 1（matrix protein 1，M1）形成的一个或若干个分子厚的球形蛋白壳。病毒的里层即被包裹在蛋白壳内的为核衣壳，呈螺旋对称，直径 9～15 nm。核衣壳的主要成分为核蛋白（nucleoprotein，NP）和由碱性聚合酶 1（basic polymerase 1，PB1）、碱性聚合酶 2（basic polymerase 2，PB2）、酸性聚合酶（acidic polymerase，PA）三种多聚酶蛋白形成的聚合酶复合体，核心则为分节段的病毒单链 RNA。其基因组大小约 14 000 个核苷酸，包括 8 个片段，分别编码碱性聚合酶 1（PB1）、碱性聚合酶 2（PB2）、酸性聚合酶（PA）、神经氨酸酶（NA）、血凝素（HA）、基质蛋白 1（M1）、基质蛋白 2（M2）、非结构蛋白 1（NS1）、非结构蛋白 2（NS2）、核蛋白（NP）及 PB1-F2 蛋白等 11 种蛋白（龙北国等，2003）。对 H7N9 流感病毒进行的相似性分析发现，H7N9 的基因组中，编码定位于囊膜内蛋白的 6 个基因节段（PB2、PB1、PA、NP、M 和 NS）全部来源于多年来流行于中国江苏、浙江、上海等地方的鸡群中的 H9N2 病毒；H7、N9 则分别来自浙江鸭群的 H7N3 和江苏鸭群的 H11N9 禽流感病毒，后者可追溯至东亚地区野禽（Yang F et al.，2013），因此，H7N9 是一个来源于单纯禽类的三元重配体，是一种全新的流感病毒。

2. H7N9流感病毒与其他亚型的流感病毒有什么不同?

H7N9流感病毒与其他亚型流感病毒不同。从2013年首次发现H7N9至2016年底,三年多的时间中仅发现对禽低致病性的毒株,虽然表现出对禽的低致病性,但是它比有些亚型的病毒对人的感染强度、致病率更高。H7N9流感病毒感染人后会引起重症肺炎以及多器官衰竭,甚至会引起人类的死亡,严重威胁着人们的健康,同时也存在引发流感大流行的潜在危险(江丽芳等,2013)。已经证实能直接感染人类的源自家禽的流感病毒有H5N1、H5N2、H6N1、H9N2、H7N2、H7N3、H7N7、H7N9、H9N2、H10N7和H10N8等(Marquardt P et al., 2013)。

2016年底发现了对禽高致病性的H7N9毒株。除了致病性不同以外,H7N9流感病毒与其他亚型流感病毒在病毒毒力、病毒蛋白中氨基酸位点的改变等方面也有所不同。例如,H7N9既有低致病力毒株也有高致病力毒株,低致病力毒株在野禽和家禽中的致病性很弱,一般不表现临床症状,呈隐性感染;而H5N1是高致病性禽流感病毒(highly pathogenic avian influenza virus, HPAIV),可以导致野禽、家禽大批迅速死亡(Cowling B J et al.,2013)。在过去的10多年里,H5N1禽流感曾感染过600多人,导致300余人死亡,死亡率约为50%,而H7N9流感病毒在人群中的致死率约为36%,表明H7N9流感病毒的毒力比H5N1流感病毒的要弱,动物试验也证明H7N9流感病毒在小鼠中的毒力要弱于H5N1流感病毒。H5N1流感病毒是HPAIV,其HA蛋白的裂解位点附近含有多个碱性氨基酸,而低致病力H7N9流感病毒的HA蛋白则不具备这一特征(Parry J,2013),高致病力H7N9流感病毒HA蛋白裂解位点附近也含有多个碱性氨基酸。大部分H7N9流感病毒株的HA蛋白含有G186V及Q226L氨基酸替换,而H5N1流感病毒的HA蛋白则没有。H7N9流感病毒的PB1蛋白含有I368V氨基酸替换,这在H5N1流感病毒中未被发现;H5N1流感病毒的NS1蛋白C末端含有PDZ功能区,而H7N9流感病毒的NS1蛋白C末端则缺乏PDZ功能区(To K K, et al.,2013)。因此,不同亚型的流感病毒在毒力以及氨基酸位点的改变方面有所差异。

在病毒感染波及的范围方面，H5N1 感染人的病例在中东、亚洲、非洲以及欧洲均有发生，而 H7N9 感染人的病例（不包括输出病例）目前仍局限于中国。到目前为止，H7N9 大多是在活禽交易市场的某些家禽中被检测到的，2016 年起部分养殖场也有发病病例；而 H5N1 感染的宿主范围则更广，不仅可以感染野禽和家禽，还可感染一些哺乳动物，如人、老虎、猫等。H5N1 可以通过野禽和家禽传播给人，而 H7N9 传播给人的方式至今无法定论（Morens D M et al.，2013）。Cowling 等（Cowling B J et al.，2013）发现感染了 H7N9 的 130 名患者的平均年龄约为 62 岁，而感染了 H5N1 的 42 名患者的平均年龄约为 26 岁；1997 年中国香港 H5N1 亚型流感病毒感染的患者以儿童和青壮年为主，60％以上的人是 18 岁以下的年轻人；而被 H7N9 流感病毒感染的人中则以老年人居多，超过半数的患者是年逾六旬的老人。H5N1 在婴儿和学龄儿童中引起的临床症状较为严重，而 H7N9 在儿童中引起的病症较轻，预后大多良好。H7N9 感染的对象多为居住在城市里的男性，而在 H5N1 禽流感病毒感染的患者中男女的比例并无明显差别。

此外，H7N9 亚型流感病毒与其他亚型流感病毒不同的是，在检测到 H7N9 亚型流感病毒感染人之前并未出现家禽被大量感染甚至大批死亡的现象，这和其他亚型禽流感有本质的区别。比如 H5N1 禽流感病毒引起的发病疫情相对容易检测，在发现人被感染之前会发现家禽大批死亡的现象，容易引起人们的注意，因此也易于防控（Mikelsaar A V et al.，2012），但是人们在监测、筛查以及扑灭 H7N9 亚型流感病毒时会有一定的困难。

综上所述，H7N9 流感病毒在致病性、病毒的毒力、病毒蛋白中氨基酸位点的改变、跨物种传播、病毒感染波及的范围、易感人群的年龄等方面与其他亚型都有所不同（Yu H et al.，2013；Mok C K P et al.，2013）。研究这些机理将为今后有效预防和治疗流感病毒感染性疾病提供新的思路和方法，也为研究人类的抗病毒感染免疫提供新的切入点，最终达到指导临床治疗疾病的目的，对防控流感病毒起到积极作用。

3. H7N9 流感病毒的传播机制如何？

H7N9 流感病毒的传染源主要是感染病毒的禽类，特别是鸡、鸭、鹅等家禽。禽类感染后可通过唾液、鼻腔分泌物和粪便排出病毒。其传播途径主要是经呼吸道传播，密切接触感染禽类的分泌物和排泄物、受污染的物品和水等或直接接触病毒毒株也可被感染（Prosser D J et al.，2013）。大多数禽流感病毒对热敏感，在室外低温环境下 AIV 能于禽类排泄物中存活 1 周，在 4℃水里存活 1 个月。

病毒侵入动物机体后，病毒表面的血凝素 HA 能与宿主细胞表面的特异性受体结合，介导病毒吸附进而穿入细胞。HA 的特异性受体为细胞表面的唾液酸（*N*-乙酰神经氨酸），但与人流感病毒识别的受体类型并不相同，存在宿主特异性。人流感病毒所识别的受体为唾液酸 α-2，6 半乳糖受体（SA α-2，6 Gal 受体），而禽流感病毒所识别的受体为唾液酸 α-2，3 半乳糖受体（SA α-2，3 Gal 受体）。人类上呼吸道黏膜上皮细胞存在大量 SA α-2，6 Gal 受体，下呼吸道及肺泡上皮细胞既存在 SA α-2，6 Gal 受体，也存在 SA α-2，3 Gal 受体，但以 SA α-2，3 Gal 受体为主。而禽类的呼吸道和肠道黏膜上皮细胞则主要为 SA α-2，3 Gal 受体。因此，人流感病毒易于感染人上呼吸道并通过飞沫传播，禽流感病毒则可在禽类间流行，而不易感染人上呼吸道。在偶然的情况下，禽流感病毒可以到达人的下呼吸道和肺组织，造成人感染，但由于病毒在呼吸道深部，因而不容易通过飞沫在人际间传播。如 H5N1，由于 H5N1 禽流感病毒只能结合唾液酸 α-2，3 半乳糖受体，因此只有进入人的肺部之后才能导致感染，虽偶尔能感染人类，但迄今并不能证明其能够有效地人传人，从 2003 年至 2013 年 6 月的 10 年间全球病例数为 630 人。

但研究发现，H7N9 流感病毒受体结合位点的某些关键氨基酸已发生了突变，如 G186V 及 Q226L 突变等（Xiong X et al.，2013），这些突变可能增强了流感病毒与人上呼吸道上皮细胞 SA α-2，6 Gal 受体的结合能力。生物学实验证明，H7N9 流感病毒在发生上述变异后，不仅可以结合唾液酸 α-2，3 半乳糖受体，而且可以结合唾液酸 α-2，6 半乳糖受体，具有典型的“双受体结合”特点,这表明 H7N9 流感病毒获得了部分感染人上呼吸道的能力,因此,H7N9 比 H5N1 禽流感病毒更容易感染人(Zhou J et al. ,2013)。通过对 H7N9 患者密切接触的人群的监测,在采集的样本中并未检测到 H7N9 病毒,说明 H7N9 在人群中并没有发生持续的传播(Li Q et al. ,2013)。但在上海市以及江苏、山东和浙江省均报道了家庭聚集性病例(Jie Z et al. ,2013;Qi X et al. ,2013)。江苏省家庭聚集性病例中,患者女儿与患者体内分离到的 H7N9 病毒序列几乎一致,提示人若毫无保护地、长时间密切接触 H7N9 流感病毒感染发病期的患者,也有可能会出现有限的人传人的现象,而人感染 H7N9 的来源则主要与活禽接触或者访问活禽市场有关。Chen 等(Chen Y et al. ,2013)在杭州和湖州的活禽市场采集的鸡标本中分离到 H7N9 流感病毒,这些分离株与流行株高度同源。Han 等(Han J et al. ,2013)也发现湖州的 12 例人感染 H7N9 病毒确诊病例在发病前均有过家禽或活禽市场暴露史,并在患者接触过的家禽标本及相关活禽市场标本中检测出 H7N9 流感病毒核酸。Li 等(Li Q et al. ,2013)进行了 H7N9 的流行病学调查,结果发现 80%的 H7N9 流感患者有活禽市场暴露史。对感染病例发病前访问过的活禽市场禽类或者环境标本中分离的病毒与病例中分离的病毒进行序列分析,结果发现从禽类或环境中分离到的 H7N9 病毒与人群中的 H7N9 病毒高度同源(Shi J et al. ,2013;Zhang Q et al. ,2013)。多个研究小组在中国的中部和东部从上万份禽标本和环境标本中分离到多株 H7N9 流感病毒,大部分阳性样本来自活禽市场(Chen Y et al. ,2013; Han J et al. ,2013;Bao C J et al. ,2013)。血清学调查结果表明,中国浙江省职业人群(家禽饲养人群)血清中针对 H7N9 流感病毒的抗体阳性率比普通人群血清中的阳性率显著增高(Yang S et al. ,2013)。动物试验研究结果表明,H7N9 流感病毒在鸡群中高效的复制力和传播力说明鸡是活禽市场中 H7N9 流感病毒的主要传播者(Zhang Q et al. ,2013)。除了鸡,鹌鹑可能也是 H7N9 流感病毒的主要宿主,是将 H7N9 传给人类的重要宿主(Zhang Q M J et al. ,2014)。因此,无论是流行病学还是病原学的研究结果都表明,人的感染来源主要与活禽接触或者访问活禽市场有关,活禽市场是人感染 H7N9 流感病毒的关键风险因素,可能是传染源之所在。我国通过关闭活禽市场可以有效控制疫情也进一步证明了这一点。

4. H7N9 流感病毒为什么可以跨物种传播?

任何病毒都有其种属、组织嗜性,比如新城疫病毒只会感染禽类,并不会感染牛;马传染性贫血病毒感染马,而不会感染禽类和猪,甚至相同类型的病毒感染的物种也不都相同。

H7N9 流感病毒是一种重配的新型流感病毒,它对禽类既有低致病力毒株也有高致病力毒株,但是对人类却能够引起严重的呼吸道疾病。H7N9 流感病毒为什么可以跨物种传播呢? H7N9 流感病毒出现跨物种传播的根源主要在于病毒、宿主和环境因素三个方面。

在病毒方面,H7N9 流感病毒的跨物种传播与病毒的变异和重组有密切关系,所有的甲型流感病毒都具有基因的不稳定性,并且容易逃避宿主的免疫屏障,流感病毒是 RNA 病毒,在复制的过程中往往缺乏校对和修补错误的功能,由于这些未修正错误的存在,流感病毒的基因组成分会发生突变(江丽芳,2013)。目前的研究表明,H7N9 流感病毒表面血凝素(HA)蛋白受体结合位点(RBS)的氨基酸突变是导致禽流感病毒跨物种传播的主要原因(朱闻斐等,2013)。HA 是病毒进入机体的主要决定因素,它通过与宿主细胞表面受体结合,进而启动病毒感染的过程。近年来科学家们在禽流感病毒 HA 蛋白上引入了几个氨基酸突变,使得流感病毒突破了种间屏障,通过晶体学等手段阐明突变型 HA 蛋白与人、禽受体结合的特点和结构基础,从而进一步发现了引起受体结合特性改变的 Q226L 氨基酸替换。HA 蛋白 Q226L 氨基酸的突变导致禽流感病毒具有与人流感病毒相似的受体结合活性,从而会使得 H7N9 流感病毒能够跨物种传播(董方圆等,2015)。

此外,神经氨酸酶(NA)蛋白对 H7N9 流感病毒的跨物种传播也有一定的影响,其中包括 NA 茎端的长短、NA 序列某些氨基酸的变化以及 NA 蛋白的糖基化。比如很多水禽类 NA 茎端的缺失,使得病毒能够更好地从野生禽类向陆生禽类传播(Sorrell E M et al.,2010)。加入 NA 抑制剂导致 NA 多个位点突变,这些突变尤其是 292 位点的突变会降低病毒感染性、致病性和传播能力。NA 糖基化可以防止 NA 蛋白被宿主内的蛋白酶攻击，从而扩大病毒的宿主范围和增强病毒的毒力等(Sun S S et al.，2011)。

在宿主方面，H7N9 流感病毒的跨物种传播与流感病毒受体结合方式的改变有关。病毒能否与受体结合启动病毒感染的过程，是流感病毒跨物种传播的关键，宿主细胞表面的 *N*-乙酰神经氨酸(唾液酸，SA)的拓扑结构是决定流感病毒受体结合的主要因素(赵健乔等，2014)。H7N9 流感病毒的 SA 受体的识别和结合具有偏好性，人源禽流感病毒偏向于与具备松散、雨伞状拓扑结构的长链唾液酸 α-2，6 受体结合，而禽源或猪源禽流感病毒株更善于吸附具备刚硬、圆锥状拓扑结构的短链唾液酸 α-2，3 受体。一般传统观念认为禽类的肠道上皮细胞主要存在 α-2，3 受体，而人类的上呼吸道上皮细胞主要存在 α-2，6 受体。因此 H7N9 流感病毒感染人类的先决条件是 HA 蛋白受体结合位点发生突变，使流感病毒获得了结合α-2，6 受体的能力(张蔚等，2015)。但是近些年来这一传统观念逐渐被打破，2006 年 3 月，Kawaoka 和 Kuiken 两个研究组分别在 *Nature* 和 *Science* 杂志上发表了他们的研究结果，发现在人类的下呼吸道上皮细胞、肺泡和肺巨噬细胞上均存在 α-2，3 受体，禽流感病毒感染只要达到一定的量，就有可能深入下呼吸道和肺部感染人类，这也就解释了为什么大多数禽流感病毒的感染者都具有禽类直接接触史(Imai M et al.，2012)。

除了病毒蛋白受体结合位点的氨基酸突变以及受体结合方式的改变以外，还有很多因素都有可能导致 H7N9 流感病毒的跨物种传播(陈雅等，2016)。研究表明，越是人和动物密切接触的地方病毒的跨物种传播概率越大，因此，环境因素也不容忽视，某些环境有利于流感病毒的生存和传播。影响流感病毒跨物种传播的环境因素主要包括季节因素和气候因素，以及宿主的活动密集度等。环境中的病毒含量、传播方式以及病毒的稳定性对于病毒的跨物种传播也至关重要。此外，每年候鸟的迁徙也会导致禽流感病毒跨国家传播(孙士生等，2011；张晓红等，2005)。

H7N9 流感病毒的跨物种传播受到多种因素的影响，但是目前研究分析病毒、宿主和环境因素主要影响着 H7N9 流感病毒的变异，病毒在选择压力的作用下，通过抗原漂移以及抗原转换不断发生变异，病毒一旦打破物种的屏障，则会对人类造成巨大的危害。我们虽然无法预测何时会再次暴发新型流感病毒，但是我们可以通过研究流感病毒的跨物种传播机制来监控新型流感病毒的变异株，预测流感病毒的流行程度以及大暴发的可能性，从而更全面地制定科学有效的应对措施。

5. H7N9流感病毒的致病机制如何？

带有H7N9流感病毒颗粒的飞沫吸入呼吸道后，病毒的神经氨酸酶分解神经氨酸，使黏蛋白水解成糖蛋白，糖蛋白受体暴露后与血凝素结合，这是一种专一性吸附，具有特异性（郭元吉等，1997）。停留在呼吸道上皮细胞黏液薄膜中的流感病毒，能和宿主细胞的黏蛋白等特异性受体相结合，局部黏液分泌物中的抗体能与病毒结合而中和，形成抑制物。但这些抑制物最终被病毒本身的神经氨酸酶所破坏，使病毒得以进入呼吸道上皮细胞，并进行繁殖。病毒颗粒能穿过呼吸道黏膜而进入其他细胞或血液中，引起进行性感染，从而出现一系列的临床症状（官旭华，2013）。

H7N9的致病机制尚未完全明了。目前认为，HA在病毒吸附及穿膜过程中起关键作用。HA的头部由HA1构成，位于病毒囊膜纤突顶端，参与病毒粒子对宿主细胞的吸附。HA2疏水性N端暴露，在病毒入侵细胞时，暴露的N末端先插入脂质双分子层，在病毒囊膜和细胞膜之间形成一个通道，使两膜融合，病毒核酸得以侵入细胞（Srinivasan K et al.，2013）。HA裂解位点的氨基酸序列直接决定着AIV的组织嗜性。但新型H7N9流感病毒HA蛋白的酶切位点为EIPKGR*GL（*代表酶切位点），不具备高致病性禽流感病毒HA裂解位点特征，这表明最早从病人体内分离到的H7N9流感病毒株在禽类体内是低致病性的（Liu Q et al.，2013）。NA是一种唾液酸酶，可以去除病毒粒子和细胞表面的唾液酸，加速病毒从宿主细胞的释放，并防止病毒粒子在释放后聚集。NA还可裂解呼吸道黏膜中的唾液酸，有助于病毒颗粒移向靶细胞，促进病毒渗入呼吸道上皮细胞及其扩散。NP在病毒基因表达中发挥一定的作用，NP蛋白上有亲核信号，使得病毒能向细胞核定向移动。片段M可编码 M1 和 M2 两种蛋白质。M1 上氨基端 91～111 位氨基酸残基与核糖核蛋白(RNP)复合物组成了核靶信号(NLS)和 M1 蛋白的寡聚作用结构域，在病毒感染宿主细胞后期，抑制转录酶的活性，减少 mRNA 的合成，使聚合酶复合物的生物活性几乎完全转向病毒 RNA(vRNA)的合成(Hankins R W et al.，1990；Elster C et al.，1997)。病毒感染细胞时，一些有活性的 M2 蛋白为二硫键相连形成的二聚体或四聚体，在病毒粒子脱壳时发挥离子通道作用。PB1 在病毒 mRNA 合成起始后使之逐渐延长，在模板 RNA(cRNA)和 vRNA 的合成过程中也靠 PB1 的作用使合成链增长。PB2 在组织培养过程中决定流感病毒的宿主范围。PA 与 PB1、PB2 共同构成 RNA 聚合酶复合体(殷震等，1997)。NS1 蛋白可以阻止干扰素介导的宿主细胞抗病毒反应，还可以通过抑制干扰素调节因子的活性来对抗宿主的抗病毒系统，该因子可调节 α-干扰素(IFN-α)、β-干扰素基因的表达(Pauli E K et al.，2008)。研究者分析该 H7N9 亚型流感病毒对人类致病的分子基础得出，该病毒对人类的致病率高，主要有两个原因：第一，宿主的特异性位点和该病毒的受体结合位点发生了变异，致使病毒更容易与人体上呼吸道上皮细胞的 SA α-2,6 受体结合；第二，由于人和其他动物对这种从未出现过的新型重组禽流感病毒完全缺乏免疫力，使病毒在自然界中较容易传播。另外，该病毒还具有 8 个高毒力的位点，这也可能与其对人类的高致病性有关(Shi Y et al.，2013)。

流感病毒 HA 蛋白中抗体结合位点的氨基酸序列决定该病毒是易于结合人类还是禽类细胞的受体。有研究表明，H7N9 的 HA 蛋白 A138S、G186V、Q226L 的变异可能增加了 H7N9 流感病毒结合人类细胞受体的亲和力(Liu D et al.，2013)。流感病毒结合具有不同糖苷键结合方式的不同宿主细胞受体是流感病毒宿主范围和致病性的重要决定因素，人流感病毒可结合人呼吸道细胞的 α-2,6 唾液酸受体，而大多数禽流感病毒结合禽呼吸道细胞的 α-2,3 唾液酸受体。HA 蛋白 Q226L 变异，加强了其对具有 α-2,6 唾液酸受体的人呼吸道细胞的亲和力，也可能增加病毒通过空气传播的可能性。但 150 位环状结构的去糖基化却可能降低了 H7N9 流感病毒对具有 α-2,3 唾液酸受体禽呼吸道细胞的亲和力(汪洋等，2015)。

流感病毒 NA 茎区的长度也影响它针对不同底物的酶解效应，而且可以改变宿主范围，这种短茎特点也是病毒毒力的决定因素之一，这也许是该病毒感染人类的原因之一。有研究发现，H7N9 流感病毒在 NA 蛋白的茎环区 69～73 位表现为氨基酸缺失。这表明原本存在于陆生鸟类中的 H7N9 流感病毒的适应性增强，也提示新型 H7N9 流感病毒在感染人之前就在陆生鸟类中流行。然而，这一缺失导致了 H7N9 流感病毒对哺乳动物的毒力增强，而且改变了病毒对于宿主呼吸道细胞的嗜性，提高了病毒在哺乳动物体内的复制能力（Matsuoka Y et al.，2009）。H7N9 流感病毒 PB1-F2 蛋白与病毒的毒力密切相关（Kobayashi M et al.，1996）。PB2 蛋白是病毒 RNA 聚合酶复合体的重要成分，其中 PB2 上第 627 位的赖氨酸对于病毒的复制至关重要（Zhang H et al.，2014；Steel J et al.，2009）。PB2 基因发生了 D701N 的突变，这增加了禽流感病毒对哺乳动物的适应性（Steel J et al.，2009）。还有 L89V 和 E627K 的突变，实验研究表明这些突变增加了病毒对小鼠的致病性并且提高了在哺乳动物中的复制能力（Morens D M et al.，2013）。大多数人分离的 H7N9 的 PB2 的 627 位点发生 E627K 突变，增强了病毒在人体内的复制能力。病毒 NS1 蛋白 C 末端 PDZ（结构域，最早发现的含有 PDZ 结构域的三种蛋白：突出后密度蛋白 PSD-95/SAP90、果蝇隔膜连接蛋白 Discs-large 和紧密连接蛋白 ZO-1 首字母的缩写）结合区氨基酸缺失，这在人和猪流感病毒比较常见，与病毒的致病性和哺乳动物宿主适应性都有一定关系（Sorrell E M et al.，2010）。

H7N9 流感病毒能感染Ⅱ型肺泡上皮细胞并有效复制，该感染可能进一步损坏肺功能。同时，在人、猪和狗等多种哺乳动物细胞上，该病毒也表现出与大流行病毒 2009 H1N1 相似的生长特性，表明病毒已经获得了某些哺乳动物适应性变异（Yu L et al.，2013）。

在非人类灵长类动物中，H7N9 病毒在短尾猴的鼻甲、气管以及肺中均能很好地复制，但人流感病毒在非人类灵长类动物中的复制通常局限于上呼吸道。体外以 H7N9 流感病毒感染人气管和肺离体组织，发现病毒在气管和肺组织均能感染并复制，但肺组织中病毒滴度比气管组织高出 10 倍。因此，病毒主要在肺组织中复制，且气管组织中病毒滴度较低可能是 H7N9 流感病毒不能导致有效人际传播的重要原因之一（Hu Y et al.，2013）。

另外，研究发现人感染 H7N9 流感患者血清中 IP-10、MIG、MCP-1、IL-6、IL-8 和 IFN-α 等细胞因子的量显著高于健康人，天然免疫应答紊乱所造成的“细胞因子风暴”可能是造成感染者重症的重要原因之一。进一步研究发现，感染病例肺组织中细胞因子的浓度比血液中的浓度高 100～1 000 倍，而且干扰素诱导的跨膜蛋白 3（IFITM3）不同的基因型对临床症状有不同的影响，其中 C/C 基因型比 C/T 和 T/T 基因型 H7N9 流感病毒感染所导致的临床症状要严重(Gack M U et al. ,2007)。

6. H7N9 流感病毒的理化性质如何?

(一)对热的稳定性

H7N9 病毒对热敏感，通常 56℃ 加热 30 min，60℃ 加热 10 min 以及煮沸 2 min 以上可以被灭活。被热灭活的顺序为：病毒颗粒的感染性、神经氨酸酶活性及红细胞凝集活性。在室温(28℃)条件下 H7N9 病毒会在 24 h 后失去感染能力。H7N9 流感病毒对低温的抵抗力较强，在低温粪便中可存活 7 天左右。在水中，22℃ 可以存活 4 天，4℃ 可以存活近 1 个月，0℃ 可超过 30 天，在冷冻的骨髓和禽类肉中可存活 10 个月。

(二)对 pH 的稳定性

流感病毒最适 pH 为 7.0～8.0。在 pH 3.0 以下或者 10.0 以上感染力很快被破坏。在 pH 5.0 左右能使流感病毒血凝素蛋白构型发生改变，其轻链(HA2)区溶血序列裸露，使红细胞发生溶解。H7N9 病毒对碱敏感，但对酸性环境有一定的抵抗力。其在中性和弱酸性环境中能保持致病性，即使是在 pH 4.0 的条件下也可以存活(郭元吉等，1997)。

(三)对紫外线的稳定性

流感病毒可以被紫外线所灭活。用紫外线直接照射，可迅速破坏 H7N9 流感病毒的感染能力，阳光直射 40～48 h 即可灭活。但用紫外线来灭活流感病毒，能引起病毒的多重复活，故生产流感灭活苗时，一般不采用紫外线照射法(甘孟侯，2002)。

(四)对化学试剂的稳定性

流感病毒呈多形性，有囊膜，故对乙醚、甲醛、氯仿、过氧乙酸、丙酮等有机溶剂均敏感。在有甘油存在的环境中，H7N9 流感病毒可保持活力 1 年以上。在口腔、鼻腔和粪便中的禽流感病毒受到有机物的保护，抵抗力大大提高，如在粪便中可存活一周。常用消毒剂如氧化剂、十二烷基硫酸钠、稀酸、卤素化合物(如漂白粉和碘剂)等均可将其灭活。故可用化学试剂浸泡、擦抹用具及熏蒸消毒空气等方式灭活 H7N9 流感病毒。(官旭华，2013)

7. H7N9 流感病毒逃避免疫应答的机制如何?

固有免疫是人类抵御微生物感染的第一道防线，它识别的主要是共同的、高度保守的结构，这一类结构被称为病原相关分子模式(PAMP)。固有免疫系统在进化过程中形成了一套固有免疫识别分子(模式识别受体，PRR)，PRR 可以通过识别 PAMP 发现病原体的存在，启动机体的固有免疫系统，进而帮助机体更好地清除病原体。PRR 主要包括：Toll 样受体(Toll-like receptors，TLR)、RIG 样受体(RIG-like receptors，RLR)、Nod 样受体(Nod-like receptors，NLR)以及胞质 DNA 受体(cytosolic DNA receptors)(徐建青，2015)。

呼吸道上皮细胞不仅是各种呼吸道病毒感染的重要目标，也是专职抗原提呈细胞参与反应前机体抗病毒固有免疫的第一道防线(陈雅，2016)。有研究表明，H9N2 亚型流感病毒与其他亚型流感病毒一样，也能够引起小鼠出现以肺部损伤为主的致死性感染，但是有关对 H7N9 亚型流感病毒诱导肺部损伤的机制有待讨论。

流感病毒感染哺乳动物以后，固有免疫迅速发挥了防卫作用，发挥固有免疫作用的有中性粒细胞、巨噬细胞及其分泌的细胞因子。中性粒细胞和巨噬细胞早期迁移到感染的肺部，可能对感染早期有保护作用，但是感染后期或对毒性较大的病毒感染不能起到保护作用，甚至对机体产生伤害，流感病毒感染早期产生的多种细胞因子也有类似的作用特点(Matzinger S R et al.，2013)。目前的研究认为，炎性细胞因子的大量释放，引起炎性因子风暴，从而导致肺泡上皮细胞以及毛细血管内皮细胞的损伤，最终会引起心源性肺水肿以及低氧血症，导致呼吸衰竭而死亡。也有研究表明，由流感病毒引起发热患者的血清含有较高的肿瘤坏死因子 α(TNF-α)(Wang Z F et al.,2014)。

H7N9 流感病毒引起人和多种动物的呼吸系统疾病，不仅造成重大的经济损失，而且对人类健康构成重大威胁，但是目前对 H7N9 流感病毒感染的预防和治疗方法还很有限，而 H7N9 流感病毒感染难以控制的重要因素就是它对宿主强大的免疫逃避机制。因此，深入理解 H7N9 流感病毒免疫逃避的作用机理，揭示其致病机制，有助于发现新的预防和治疗靶标，从而为有效控制 H7N9 流感病毒奠定坚实的基础。

H7N9 流感病毒感染发生的机制是由于病毒上调炎症因子分泌而抑制干扰素通路，从而突破宿主固有免疫系统的防御机制，导致肺内炎症应答不断加剧而致肺实变，出现呼吸窘迫综合征(赵朴等,2008)。目前已有的研究表明，重症流感可能在以下几个环节中逃避固有免疫系统的抑制作用：第一，重症流感病毒分路调控炎症因子与干扰素：流感病毒可以通过 NF-kB(一种核内转录因子)信号通路激活炎症因子的应答，但并不同时上调 IFN 通路，尚不清楚流感病毒是如何实现这种分别调控的。但这一调控模式可能是重症流感逃避宿主固有免疫应答最重要的机制(Gack M U et al.,2007)。第二，突破IFITM3 (IFN-inducible trans-membrane protein) 的限制作用：流感病毒通过受体介导的内吞作用进入内体，内体进入胞浆之后病毒包膜与细胞膜融合释放出的病毒 RNA 进入胞浆，这一过程可以被 IFITM3 分子介导的作用滞留而阻断释放。但是，流感病毒均有能力突破这一限制而进入胞浆，其机制尚未阐明(Pauli E K et al.,2007)。第三，抑制 RIG 通路：进入胞浆的 vRNA 可以被 RIG-I 受体识别，从而激活 RIG-I，导致 RIG-I 被 TRIM25 泛素化修饰，这一修饰是 RIG-I 与下游的 MAVS(一种信号蛋白)结合所必需的过程。流感病毒可以通过 NS1 抑制 TRIM25，从而阻断 RIG-I 通路的活化(Everitt A R et al.,2012)。第四，上调 SOCS3 抑制干扰素通路：通过上调 SOCS3 分子以抑制干扰素通路是流感病毒逃避宿主固有免疫应答作用的重要机制。SOCS(suppressors of cytokine signaling)家族有 8 个成员，通过分子 SH2 结构域与靶分子结合，将靶分子导向泛素化并降解，不同的病毒上调的 SOCS 成员并不相同，其中流感病毒主要上调 SOCS3，有研究表明：SOCS 家族的其他成员也参与到流感免疫逃避的机制中（Li S et al.，2006）。第五，逃避 MxA 等 ISG 基因的抑制作用：干扰素通路被激活后，宿主众多的 ISG 分子对病毒均有抑制作用，MxA 基因可通过使病毒 RNP 多聚化成环，从而阻断病毒 RNP 入核复制，但人源流感病毒更容易通过适应性突变来逃避 MxA 基因的作用（Mänz B et al.，2013）。

8．H7N9 流感病毒的变异机制如何？

从近年研究报道来看，H7N9 流感病毒有如此多的基因片段发生了变化，变异的原因众说纷纭，其中抗原漂移和基因重配的说法得到了广泛的认可。甲型流感病毒不断地发生变化，从适应禽类到适应哺乳动物，原因是流感病毒的抗原基因能发生漂移和病毒不同亚型之间发生重配，从而改变了所编码蛋白的结构与功能，从而逃避机体免疫系统的识别。目前认为编码主要蛋白的基因发生一系列点突变的累积导致氨基酸序列改变的累积，从而改变了蛋白质的抗原位点。此外，还有分子内重组的方式，即细胞内 mRNA 插入到病毒 HA 基因，使病毒获得活力。关于流感病毒抗原变异的原因有以下几点说法，第一，流感病毒所具有的 RNA 依赖的 RNA 多聚酶不具有审阅功能，故使新合成的 RNA 中错误率大大提高。第二，流感病毒通过不同病毒之间的重配，即病毒内部序列有 8 个基因片段，8 个基因之间可以重新进行组合。第三，在氨基酸分子水平上不断发生宿主适应性变异，使病毒可以适应多种宿主。

H7N9 的变异机制揭示了甲型流感病毒极容易经过变异产生新的亚型、适应多种宿主，因此监测甲型流感病毒的变异趋势对公共卫生安全具有重要意义。

流感病毒名称中的 H 和 N 分别来自两种蛋白：血凝素（HA）和神经氨酸酶（NA）。HA 蛋白有助于流感病毒结合宿主细胞，而 NA 蛋白则是病毒复制后从细胞出芽的必要条件。H7N9 流感病毒的出现也反映了流感病毒变异的多样性。流感病毒的变异可分为致病性变异、相变异、抗原变异，抗原变异是目前研究最多的一种变异方式。H7N9流感病毒的8个基因片段中，H7片段来源于浙江鸭群中分离的禽流感病毒，而浙江鸭群中的病毒往上追溯，与韩国野禽中分离的禽流感病毒同源；有人认为NA基因来源于江苏洪泽湖地区花脸鸭的H11N9病毒；其余6个基因片段(PB2,PB1,PA,NP,M,NS)来源于两种不同的H9N2亚型病毒。据病毒基因组比对和亲缘分析显示，H9N2禽流感病毒来源于北京、上海、浙江、江苏等地的鸡群。因而认为H7N9流感病毒基因重配的发生地很有可能在中国的长三角地区。病毒在自然界的流传过程很可能遵循下列路径：携带H亚型候鸟迁徙至中国长三角地区，接触浙江鸭群，病毒产生重配使鸭群携带H7亚型病毒，鸭群很可能作为一个中间宿主，再和浙江、上海等地携带H9N2禽流感病毒的鸡群接触，最终不同亚型之间的基因重配导致编码蛋白的基因片段增加、缺失或替换；同时感染哺乳动物，经过对宿主的适应成为对禽类低致病性，对人高致病性的H7N9流感病毒。通过全基因组的序列分析，可以看出H7N9流感病毒与野禽H11N9病毒、浙江的H7N3病毒及北京、江苏、上海和浙江的家禽H9N2病毒等多种亚型禽流感病毒具有一定的同源性，H7N9流感病毒至少是由三种以上亚型流感病毒重组而产生的(江丽芳，2013；修文琼等，2014；张宝等，2013；王培坤等，2013)。

近几年的研究发现，H7N9流感病毒对禽类是低致病性的，对人类是高致病性的。其主要的变化是血凝素的改变。流感病毒血凝素HA受体结合位点(RBS)的氨基酸序列决定了病毒优先选择结合何种宿主的受体(刘春艳等，2013)。H7N9流感病毒HA的氨基酸发生以下任何一种改变都增加了病毒对人α-2,6连接的唾液酸受体的亲和性，使受体结合从禽源变成人源，并且增加病毒在空气中传播的能力。第一，发生了Q226L氨基酸的突变(Gao R et al.，2013；Chen Y et al.，2013；Kageyama T et al.，2013)；第二，在RBS区域的186位点发生了G186V氨基酸替换；第三，在RBS上发生138位点的A138S氨基酸替换(Srinivasan K et al.，2013；Wang W et al.，2013；Xiong X et al.，2013)。此外，在人和禽分离到的H7N9病毒的HA 160位点发现T160A的替换，可导致158位置*N*-糖基化的缺失，可能会提高病毒与人细胞受体结合的能力(Kageyama T et al.，2013；Wang W et al.，2013)。

H7N9流感病毒其他基因片段也发生了不同程度的突变。PB2基因627

位点存在 E627K 氨基酸替换，701 位点发生 D701N 的氨基酸替换（Steel J et al.，2009；Abdel-Ghafar et al.，2008）；此外还有研究发现有 L89V 和 E627K 的突变。这些突变可能增强病毒对哺乳动物的适应性和在哺乳动物间的传播能力。甲型流感病毒的 PB1-F2 蛋白有 90 个氨基酸，鸽源的 H7N9 流感病毒的 PB1-F2 只编码了 25 个氨基酸。由 NS 基因片段编码的 NS1 蛋白在病毒的生命周期中扮演抵抗干扰素的作用，H7N9 病毒中发现 42 位点的 P42S 突变（Gao R et al.，2013；Kageyama T et al.，2013），增强了流感病毒感染哺乳动物的毒力（Jiao P et al.，2013）。H7N9 病毒的 M2 基因均在 31 位点发生 S31N 突变。

H7N9 流感病毒在 NA 茎部 69～73 位都有 5 个氨基酸的缺失。这种缺失有可能改变了病毒对呼吸道的向性，或可能提高了病毒的复制能力，也可能提高了病毒对哺乳动物的毒性（Matsuoka Y et al.，2009），机理目前尚未明确。这种缺失可能与禽流感病毒对家禽的适应和传播有关，使禽流感病毒能够从适应野生鸟类到适应家禽，甚至适应人类受体。

9. H7N9 流感病毒抗原特异性如何？

抗原特异性有免疫原性和抗原性两个方面。免疫原性指的是抗原刺激机体产生相应的抗体或相应的 T 淋巴细胞；抗原性指的是一种抗原只能与一种相应的抗体结合或被特异性的 T 淋巴细胞结合。甲型流感病毒含有 8 个基因节段共编码 11 种蛋白：血凝素（HA1 和 HA2）、神经氨酸酶（NA）、基质蛋白（M2 和 M1）、核蛋白 NP、非结构蛋白（NS1 和 NS2）及 3 种多聚酶蛋白 PB1、PB2 和 PA。有些流感病毒的 PB1 基因还编码另一种蛋白 PB1-F2。HA 和 NA 是包被在流感病毒表面的蛋白，根据 HA 和 NA 抗原性的不同可将流感病毒分为不同亚型。甲型流感病毒的 HA 抗原有 16 个亚型（H1～H16），NA 有 9 个亚型（N1～N9），因此 HA 和 NA 是流感病毒最重要的两个抗原，对病毒的理化特性、宿主适应性和毒力等具有决定性的作用。H7N9 流感病毒是一种对禽低致病性（目前也发现了高致病性毒株）、对人高致病性的流感病毒，

H7N9 流感病毒的 HA 蛋白和 NA 蛋白决定了该病毒与其他流感病毒有着根本性的区别，因此 HA 和 NA 是 H7N9 最具代表性的两种抗原。

流感病毒 HA 能与宿主细胞表面的特异性受体结合，介导病毒吸附进而穿入细胞。利用 X 线晶体衍射证实：流感病毒的 HA 蛋白长约 13.5 nm，由 3 个非共价结合的 HA 蛋白单体组成，单体通过非共价结合以三聚体的形式存在于双层类脂膜上，蛋白三聚体分为细杆状的茎部和球状的较膨大的头部两部分。蛋白三聚体茎部长约 7.6 nm，由 3 个 HA2 肽链螺旋缠绕而成；头部较膨大，由 HA1 链组成。位于 HA 头部的是病毒的受体结合部位，为浅口袋状区域，区域周围主要由 3 个二级元件组成，包括 130 环、190 螺旋和 220 环(Suguitan A L et al.，2012；Xiong X et al.，2013)，此部位的氨基酸组成在不同亚型病毒的 HA 蛋白中高度保守。HA 头部有 5 个抗原位点(抗原决定簇)，分别称为 A、B、C、D、E(Matrosovich M et al.，1999)。禽流感病毒具有严格的吸附特异性，HA 吸附位点和细胞受体的结构是决定禽流感病毒种属特异性的主要因素(田国斌等，2002)。

蛋白质 α-螺旋和折叠是靠氢键来维系的，它们的化学键的能量很高，不容易发生改变，因此抗体很难结合，大多数情况下不能作为抗原的表位。而无规则卷曲在抗原的表面极易出现，区域比较柔性，与抗体很容易进行结合，非常容易形成抗原的表位。HA 蛋白也不例外，有报道称 H7N9 亚型流感病毒的 HA 蛋白的二级结构是最有可能与抗体嵌合的结构。经研究发现，HA 蛋白有 23 个潜在的抗原表位，存在 31 个正向选择位点。HA 的 211～213 位点是潜在的 B 细胞抗原表位，而且是正向选择位点，这个交集位点使得该病毒能够更容易适应环境的变化。对 H7N9 流感病毒 HA 蛋白进行一致性与保守性分析，发现保守区域发生突变的概率非常小，可以作为抗原表位(何凤丽等，2014)。

HA 的特异性受体为细胞表面的唾液酸(*N*-乙酰神经氨酸)，但人流感病毒与禽流感病毒识别的受体类型并不相同，前者为唾液酸 α-2,6 半乳糖受体(SA α-2，6 Gal 受体)，后者为唾液酸 α-2,3 半乳糖受体(SA α-2,3 Gal 受体)；两者的区别在于 Sia-1 和 Gal-2 之间糖苷键的连接方式不同。人类上呼吸道黏膜上皮细胞存在大量 α-2,6 型受体，下呼吸道及肺泡上皮细胞既存在 α-2,6

型受体，也存在 α-2,3 型受体，但以 α-2,3 型受体为主（Kageyama T et al.，2013）。而禽类的呼吸道和肠道黏膜上皮细胞主要为 α-2,3 型受体。H7N9 流感病毒经抗原漂移和基因重配使 HA 蛋白具有结合 α-2,6 型受体的能力（Matrosovich M N et al.，2001；Shinya K et al.，2006），这是引起 H7N9 流感病毒与其他甲型流感病毒致病性差异的因素之一（Hu Y et al.，2001；Ito T et al.，2000）。

流感病毒神经氨酸酶（NA）又称唾液酸酶，是一种糖蛋白，具有抗原性，由第 6 段 RNA 编码，约 470 个氨基酸，作用于释放环节，它能特异化切割病毒表面 HA 与宿主细胞表面唾液酸（sialic acid，SA）形成的连接，使唾液酸残基解离，完成子代病毒释放。神经氨酸酶是一个同源四聚体，外形呈蘑菇状，由球状的头部和纤细的茎部两部分组成。NA 由 3 个空间结构组成，分别是胞外域、跨膜区和胞浆区。胞外域可分头部和柄区，催化活性中心在头部，有 15 个极性氨基酸残基，是 NA 的酶活性位点，能与 *N*-乙酰神经氨酸结合，其氨基酸序列在不同亚型的酶中都相对保守。柄区为多变区，其长度和序列在不同亚型中差异较大。柄区的长度能够影响病毒的宿主选择及毒力。NA 跨膜区约含 29 个疏水性氨基酸，起固定 NA 及信号传导的作用。胞浆区为 6 个高度保守的氨基酸（Colman P M et al.，1983；魏燕楠等，2015）。NA 不仅可以促进流感病毒释放，还能通过多种途径协助病毒扩散：切除呼吸道蛋白上的唾液酸帮助病毒识别宿主细胞；参与病毒与宿主细胞的膜融合；清除 HA 上残留唾液酸，避免病毒聚集，切除寡糖链上的末端唾液酸残基，增强 HA 的血凝活性。神经氨酸酶抑制剂（NAI）奥司他韦（达菲）和扎那米韦就是模仿 NA 的天然底物 *N*-乙酰神经氨酸研制的，NAI 通过与 NA 的酶活性中心结合使酶活性丧失，从而阻止病毒颗粒的释放。NA 在流感病毒感染生命周期的环节发挥重要作用，且其催化活性中序列相对保守，因此 NA 蛋白成为抗流感病毒药物的经典靶点之一。分离自上海的 H7N9 流感病毒（A/Shanghai/1/2013）出现 R294K 耐药性的突变，导致病毒滴度持续维持在高水平，说明了 NA 的酶活性位点氨基酸发生突变，特别是 H275Y、R294K 等位点发生突变则会导致病毒对 NAI 出现耐药性（魏燕楠等，2015）。

H7N9 流感病毒最具特征性的变化就是 HA 和 NA 的变化，HA 的变化可引起该病毒抗原性和致病性的变化，NA 的变化可能会导致该病毒对常见的神经氨酸酶抑制剂产生耐药性。H7N9 病毒的特异性抗原还需要进一步的探究，理清 H7N9 病毒的特异性抗原可以预测甲型流感病毒的突变趋势，同时对 H7N9 病毒的疫苗研发具有重大意义。

10．感染人的 H7N9 流感病毒突变位点与病毒毒性有何特点？

流感是一种急性呼吸道传染病，具有传染力强、传播迅速的特点。甲型流感病毒极其容易变异，人群因缺乏特异性抗体会发生大规模暴发流行。20 世纪以来，发生了 4 次全球流感大流行，导致数千万人死亡。禽流感是禽类的流行性感冒，一般不感染人类，然而随着病毒的变异，情况已发生了变化。1997 年在中国香港首次发现人感染 H5N1 高致病性禽流感病例，在短时间内共发现 18 例病例，其中 6 例死亡。经过全港性的杀鸡大行动以后，疫情才得以平息。2003 年以后人感染 H5N1 亚型的禽流感病例陆续在越南、印度尼西亚、埃及、柬埔寨，以及中国内地等国家和地区被发现。2013 年 3 月 31 日国家卫生和计划生育委员会首次通报在上海市和安徽省共发现 3 例人感染 H7N9 流感病例，此次的 H7N9 流感病毒为全球首次发现的新亚型流感病毒。禽流感病毒的致病性主要通过两种表面糖蛋白起作用，即血凝素（HA）和神经氨酸酶（NA）。HA 的作用主要是通过与宿主细胞上的唾液酸受体结合而进入细胞，在细胞内复制成病毒颗粒后则在 NA 作用后释出细胞，形成新的感染周期。已经证明 H5N1 禽流感病毒 HA 发生了 Q226L 置换（Gln Leu）造成了与人类结合的能力，成为高致病性。H7N9 流感病毒序列分析发现，8 个基因中，HA 基因来自于 H7 亚型病毒（A/duck/Zhejiang/12/2011），NA 基因来自 N9 亚型病毒（A/wildbird/Korea/A14/2011），其余 6 个内核基因都来自 H9N2（A/brambling/Beijing/16/2012-like）。将新型 H7N9 流感病毒与 1988 年在美国分离到的 H7N9 病毒进行系统生成树研究，发现新的 H7N9 和原有的

H7N9 的相似性远不及与 H9N2、H11N9 和 H7N3 等的相似性，说明新型 H7N9 不是从原有的 H7N9 进化而来的。在这次分离到的 3 株病毒中，均发现 HA 基因中在 150 位开始的环状区域上有一个 T160A 的突变，而在 210 位开始的环状区域里，A/Shanghai/2/2013 和 A/Anhui/1/2013 的 HA 基因都存在一个 Q226L 的突变，而在 1988 年在美国分离到的 H7N9 上则没有。研究发现，此次流行的 H7N9 流感病毒受体结合位点的某些关键氨基酸已发生了突变，如 G186V 及 Q226L 突变等，这些突变可能增强了禽流感病毒与人上呼吸道上皮细胞 SA α-2,6 Gal 受体的结合能力，因而使病毒能直接从禽类传播到人类，并在短时间内造成较大范围的传播。

对 H7N9 流感病毒的毒力及致病关键氨基酸位点的研究发现，其 NA 茎部存在 69～73 位氨基酸的缺失，M1 出现 N30D 与 T215A 突变，NS1 出现 P42S 突变，这些突变均可增强病毒对小鼠的毒力，可能与 H7N9 流感病毒对人的高致病性相关。对 H7N9 病毒的宿主特异性位点分析发现，HA 中出现 T160A、G186V 及 Q226L 突变，这些突变均可增强病毒与人上呼吸道上皮细胞 SA α-2,6 Gal 受体的亲和力。同时，PB2 中出现了 E627K 变异，使病毒能在人体内更有效地合成蛋白质。2003 年，荷兰暴发了大规模人感染 H7N7 禽流感疫情，但症状较轻，一般仅表现为结膜炎等。Jonges 等将荷兰的 H7N7 病毒与此次流行的 H7N9 病毒进行了比较，发现前者 PB2 的 E627K 突变率为 1/61，而后者则远高于此概率，提示 E627K 突变可能对 H7N9 流感病毒的致病性起重要作用(Jonges M et al.，2014)。此外，Liu 等和 Chen 等发现，H7N9 流感病毒蛋白序列中还存在类人流感病毒的其他关键氨基酸位点特征，如 PB2 44S 和 PA 100A、356R、409N 等(Liu Q et al.，2013；Chen Y et al.，2013)。

对 H5N1 禽流感病毒飞沫传播关键氨基酸位点的研究发现，在 HA 蛋白中只要出现 158D/224K/226L、110Y/160A/226L/228S、196R/226L/228S 三种突变组合的一种，就能使 H5N1 禽流感病毒在上呼吸道有效增殖并通过飞沫在雪貂间传播。目前的研究发现，H7N9 流感病毒并未出现上述 3 个组合中任何一种组合的突变，但已出现了其中两个关键氨基酸位点突变(T160A、

Q226L)，提示该病毒目前尚未获得经飞沫传播的充分条件，出现人传人的可能性较小，但同时也提示病毒正在向适合感染哺乳类动物的方向发展。Zhang 等报道，Q226L 突变可以引起受体类似物正反构象的改变，从而影响受体结合位点分子间的相互作用，最终改变与受体的亲和力(Zhang et al.，2013)。当出现 Q226 时有利于与禽受体类似物的反向构象结合，出现 L226 时有利于与人受体类似物的正向构象结合。H7N9 流感病毒 HA 蛋白含有 Q226L 突变，提示有利于与人受体结合。Xiong 等使用 X 线晶体衍射技术发现，H7N9 流感病毒 HA 同时具有与人类和禽类受体结合的能力（Xiong X et al.，2013)。Tharakaraman 等通过对 A/Anhui/1/2013 HA 拓扑学结构及其与人呼吸道上皮细胞结合能力的分析发现，H7N9 流感病毒与人受体和禽受体的结合力均有限，可能正是这种有限性影响了 H7N9 流感病毒经飞沫传播，但对 HA 进行 G228S 替换后，则可以明显提高 H7N9 流感病毒与人受体的结合能力(Tharakaraman K et al.，2013)。Zhu 等用雪貂研究了 H7N9 流感病毒的感染性和致病性，发现 H7N9 流感病毒可以感染雪貂，在雪貂的上呼吸道和下呼吸道复制，导致雪貂出现感冒症状，并可通过直接接触传播，也可以通过气溶胶传播(Zhu H et al.，2013)。

综上所述，H7N9 流感病毒已经出现适应人类的某些分子特征，如果进一步演化，则有可能出现高度适应人类感染的突变株，因此必须加强病原学监测。

11．H7N9 流感病毒的重组模式有何特点？

H7N9 流感病毒属于正黏病毒科甲型流感病毒属。与其他甲型流感病毒一样，H7N9 流感病毒为有包膜分节段的单股负链 RNA 病毒，基因组包括 8 个片段，编码病毒的包膜糖蛋白血凝素(HA)和神经氨酸酶（NA)、基质蛋白(M1、M2)、依赖 RNA 的 RNA 聚合酶（PB1、PB2、PA)、核蛋白（nucleoprotein，NP)和非结构蛋白(nonstructural protein，NS1、NS2)。

通过全基因组的序列分析，揭示了 H7N9 病毒的重组产生模式：H7N9 是由野禽 H7N9（NA 节段）、浙江的 H7N3 病毒（HA 节段）及北京、江苏、上海和浙江的家禽 H9N2 病毒（除 HA 和 NA 节段外）重配而产生的（张宝等，2013）。研究结果与 Gao 等（Gao et al.，2013）和 Chen 等（Chen Y et al.，2013）的研究结果一致，即其中编码 HA 基因来源于 H7N3，编码 NA 的基因来自于 H7N9，6 个内部基因（M、NS、NP、PB1、PB2、PA）则来自 H9N2。提示该病毒是一个单纯禽来源病毒的三元重配体。

为了探讨 2013 年流行的新型甲型 H7N9 流感病毒的表面蛋白血凝素（HA）基因的进化情况，从 NCBI（美国国家生物技术信息中心）和 GISAID（全球禽流感基因共享数据库）中下载 H7N9 流感病毒以及有代表性的 H7N2、H7N3、H7N7 亚型流感病毒的 HA 基因序列，利用 MEGA 软件进行序列分析，结果发现 2013 年新型甲型 H7N9 流感病毒 HA 基因是由中国禽类 H7 亚型进化而来的（张宝等，2013）。

此外，H7N9 流感病毒这个重配模式可以解释当前 H7N9 流行序列多样性特征，同时提示，病毒间可能将不断进行重配。

12．“H7N9 流感病毒”为何不叫“H7N9 禽流感病毒”？

1980 年 2 月世界卫生组织（WHO）通过流感病毒毒株命名法修正案，并以备忘录的形式在《世界卫生组织公报》上发表，并于当日起使用（Cowling et al.，2014）。流感毒株的命名包含 6 个要素：型别（甲、乙或丙型等）/宿主/分离地区/毒株序号/分离年份（H*n*N*n*），其中对于人类流感病毒，省略宿主信息，对于乙型和丙型流感病毒省略亚型信息。特别指出，在有些情况下从不同宿主分离到的甲型流感病毒具有共同的亚型名称，这未必意味着这些病毒从一种动物自然地传播到另一种动物。

按世界卫生组织的流感病毒命名原则，其中只有人发病而动物不发病的，不冠以动物名，那么从人体内分离的 H7N9 流感病毒的正确命名应该是

“H7N9 流感病毒”，而不是“H7N9 禽流感病毒”。虽然由于 H7N9 的变异导致当前该病毒也可以在禽类当中发病，但最初该病毒导致人发病而禽不发病，因此仍不宜称之为“H7N9 禽流感病毒”。

虽然从禽类上也分离到同样 H7N9 亚型的流感病毒，但按照“在有些情况下，从不同宿主分离到的甲型流感病毒具有共同的亚型名称，这也不能证明这些病毒从一种动物自然地传播到另一种动物”，从人体内分离的 H7N9 流感病毒未必是由禽体内存在的 H7N9 流感病毒自然感染到人。虽然目前很多研究认为家禽在 H7N9 流感疫情中起到一定作用（蒋文明，2014），但传染源到底在哪里？病毒是如何传播的？易感人群或者易感动物又是哪些？传染病的三个关键环节，尚不完全清楚。如果认定 H7N9 是由禽传染给人，那么那些与禽密切接触的人群应当首先发病并且发病率明显高于普通人群。可是流行病学调查显示，所谓的“高危人群”——从事禽类养殖、运输、销售、屠宰等密集接触活禽人员的发病率并没有明显高于那些不接触活禽的人群，而且还有很多病例发病前并没有接触过活禽。因此，尽管专家们认为关闭活禽市场是控制 H7N9 传播的有效办法，但是病毒究竟是怎样传播的，是由禽传给人，还是候鸟传播，抑或其他环境媒介带毒，科学界还没完全搞清楚。在真相还不完全清楚的情况下，将病原直接归为禽类，不但给养殖业造成了重大损失，也会先入为主地将研究方向和主攻精力放在禽类。

据了解，世界卫生组织（WHO）、世界动物卫生组织（OIE）和联合国粮农组织（FAO）等三家国际组织专家就“H7N9 禽流感”名称会商，建议媒体使用“H7N9 流感”或“H7N9 病毒”的名称。后者更客观、准确，少了误导。这样将会大大降低流感暴发时，因消费者信心丧失而导致主要市场崩溃的可能性，同时也将有助于纠正现有的误导性用法。H7N9 病毒并不可怕，可怕的是人类对它的过度恐惧。只有对 H7N9 病毒了解更多，才能理出真相，采取科学有效的防控措施。

综上所述，不管是从命名角度还是从流行病学角度来说，“H7N9 流感病毒”不能叫“H7N9 禽流感病毒”。

13. H7N9 流感病毒的遗传进化特征如何？

通过对 H7N9 病毒进行系统遗传进化分析，可揭示 H7N9 病毒在我国的遗传演化特征和流行特征，为防控提供参考依据。2013 年 3 月，我国上海市、安徽省发生了急性的严重下呼吸道感染，经中国疾病预防控制中心鉴定患者标本，确定了感染人类的病毒为新型 H7N9 流感病毒(Zhu et al.，2016)。随后 Gao 等(2013) 和 Chen 等 (2013) 通过对上海 2 例、安徽 1 例以及浙江 1 例的人感染 H7N9 流感病毒的基因组全长序列比对以及亲缘分析发现，该病毒是一个禽流感病毒重配株，即来自于 H7N3(A/duck/Zhejiang/12/2011，ZJ12 亚型)、H7N9(A/wildbird/Korea/A14/2011，KO14 亚型)、H9N2(A/brambling/Beijing/16/2012-like viruses)的重配。其中编码 HA 的基因来源于 H7N3，编码 NA 的基因来自于 H7N9，6 个内部基因(M、NS、NP、PB1、PB2、PA)则来自 H9N2。提示该病毒是一个单纯禽来源病毒的三元重配体。自从此次人感染 H7N9 流感病毒疫情出现以来，病毒的来源一直是各方关注的焦点。Chen 等(2013)对 6 个流行病学相关的活禽市场中鸡、鸭、鹌鹑和鸽子的样本中 H7N9 流感病毒的检测结果显示，40% 的鸽子样本和 20%的鸡样本中检出 H7N9 病毒。与患者体内分离出的 H7N9 病毒进行遗传学比较后发现，病毒株之间的基因序列高度同源(HA 基因同源性 99.4%，NA 基因同源性 99.7%)。这一结果提示，本次人感染疫情是一种散发的禽类向人的传播。本次疫情中多数病例具有禽类接触史，但仍有相当一部分病例尚未找到明确的禽类接触史，使得关于本次病毒感染的来源问题仍存疑问。疫情初期曾有学者怀疑黄浦江中死猪可能是此次甲型 H7N9 病毒的来源。尽管对 34 个死猪样本的核酸检测未发现 H7N9 病毒，但仍有专家认为，由于检测样本数量较小，同时考虑到死猪在江中漂流过程中核酸可能已发生降解等因素，因此仍需警惕猪来源的可能性(Cohen J et al.，2013)。Li 等(2013)对 82 例确证病例的 1 689 个密切接触者的观察研究结果显示，目前尚未发现此次 H7N9 病毒发生稳定的人间传播。对 2 个家庭聚集性病例的研究提示，长时间无防护地密切接触 H7N9 确诊病例，存在有限人传人的可能性。

甲型流感病毒极易发生变异，可能导致病毒宿主特异性以及病毒复制、病毒毒力等发生改变。HA 的作用是使病毒附着到宿主细胞受体和穿透细胞。病毒通过宿主细胞的丝氨酸蛋白酶将 HA 裂解成 HA1 和 HA2。高致病性禽流感病毒的 HA 蛋白(如 H5N1)在切割位点还有额外的碱性氨基酸，这些位点能够被广泛存在于组织中的细胞蛋白酶活化，导致病毒在鸟类和哺乳类宿主中进行广泛复制。与 H5N1 不同，H7N9 流感病毒其 HA 切割位点只有一个碱性氨基酸(精氨酸)，属于低致病禽流感病毒，在禽类(野禽或家禽)仅引起轻微的疾病或无症状(Uyeki et al.，2013)。因此人可能通过接触了已感染 H7N9 病毒但无症状的家禽而被感染。这也给病毒监测与防控带来了更大的困难。流感病毒 HA 受体结合位点(receptor binding site，RBS)的氨基酸序列决定了其对人或禽型受体的结合倾向。人类流感病毒的 HA 主要结合 α-2，6 连接的唾液酸受体，禽类流感病毒主要结合 α-2，3 连接的唾液酸受体，受体特异性决定了流感病毒传播的种属屏障。从人和禽类分离到的 H7N9 病毒均发现在 RBS 区域的 186 位点发生了 G186V 氨基酸替换，226 位点发生 Q226L 氨基酸替换(Kageyama et al.，2013)；人感染的 H7N9 病毒还发现第 138 位点的 A138S 氨基酸替换。这 3 个位点的氨基酸变异可能会增强 H5 和 H7 型禽流感病毒对人细胞受体的结合能力(Srinivasan et al.，2013；Xiong et al.，2013)。Kageyama 等还在人和禽分离到的 H7N9 病毒的 HA 160 位点发现 T160A 的替换，可导致 158 位置 *N*-糖基化的缺失，可能增加了病毒与人细胞受体的结合(Kageyama et al.，2013；Wang et al.，2010)。

NA 是流感病毒另一种重要的糖蛋白。它由 4 个结构域组成，包括氨基端胞浆尾、非极性跨膜区、茎部和头部。NA 主要与病毒从感染细胞释放和在呼吸道的播散有关，是抗病毒药物 NA 抑制剂作用的靶点。人和禽分离到的 H7N9 病毒，NA 基因的茎区在 69～73 位置均发现有一个 5 个氨基酸的缺失。此前在 H5N1 病毒中已发现这种缺失，研究显示其可能增加了病毒的复制，与其在家禽中的适应和传播有关。另外，这种短茎 NA 的病毒在小鼠体内具有更强的毒力(Matsuoka et al.，2009)。目前报道的由人和禽类分离到的 H7N9 病毒中，除 1 株人感染的 H7N9 病毒发现了 NA 294 位点 R294K 的突变外，其他均未发现对 NA 抑制剂（奥司他韦）耐药的突变，提示目前 NA 抑制剂是治疗 H7N9 病毒的首选药物。由于 NA 294 位点的 R294K 突变与 N9 流感病毒对 NA 抑制剂的耐药有关，因此应加强对 H7N9 病毒耐药情况的监测（Mckimm et al. ，1998）。

PB2 蛋白与 PB1 和 PA 蛋白共同组成流感病毒多聚酶复合物，其中 PB2 是一个重要的决定病毒宿主范围和病毒毒力的蛋白。Gao 等研究发现人感染的 H7N9 病毒 PB2 基因 627 位点存在 E627K 氨基酸替换（Gao et al. ，2013）；Chen 等的研究也在人感染的 H7N9 病毒中发现 PB2 基因的 701 位点发生 D701N 的氨基酸替换（Chen et al. ，2013）。这两种突变在人感染 H5N1 病毒中已有报道，这些突变可能增强病毒在哺乳动物间的传播力（Steel et al. ，2009；Abdel et al. ，2008）。此外，上述两种突变仅在人感染的 H7N9 病毒中检出，在禽感染毒株中并未发现，提示这种遗传适应可能是在病毒从禽类传播给人后才发生的。

M2 是由 97 个氨基酸残基组成的跨膜蛋白，其离子通道活性在病毒脱壳时发挥着重要作用，是抗病毒药物金刚烷胺的作用靶点。人和禽感染的 H7N9 病毒的 M2 基因均在 31 位点发生 S31N 突变，提示其对抗病毒药物金刚烷胺不敏感。

NS1 蛋白是一种干扰素拮抗剂，可能对病毒的基因表达有作用。由人和禽分离到的 H7N9 病毒中均发现了 42 位点的 P42S 突变，这一突变增加了 H5N1 禽流感病毒感染小鼠的毒力（Jiao et al. ，2008）。同时由人和禽分离的 H7N9 病毒 NS1 羧基末端缺失了 PDZ 结构域结合基序，这一基序的缺失会引起流感病毒对小鼠的致病力减弱（Jackson et al. ，2008）。

我国科学家以及国际同行正在努力揭示 H7N9 病毒的遗传进化特征，但是到目前为止，关于该病毒的来源、传播方式、发病机制等特征仍然存在很多未知。自 2013 年 3 月中国发现了首例人感染 H7N9 流感病毒病例以来，每年冬春季都会出现一波人感染的疫情，截至 2017 年 8 月止已有五波疫情超过 1 500 人感染 H7N9 流感病毒。虽然尚未发现该病毒具有稳定的人间传播，病毒基因序列分析、遗传进化分析已经发现了多个可能适应哺乳动物的突变，是否预示 H7N9 病毒将会在人类引起流感大流行还有待进一步的密切监测和研究(刘春艳等,2013)。从 2017 年初开始,我国广东省和台湾省发现部分 H7N9 病毒在 HA 蛋白裂解位点插入 4 个氨基酸(KRTA),可能会导致这些病毒由原来对鸡不致病转变为高致病性,同时出现了高致病性 H7N9 流感病毒感染人的病例(栗硕等,2017)。

14. 实验室怎样进行 H7N9 流感病毒的分离鉴定?

病毒的分离鉴定是 H7N9 流感的经典诊断方法,也是世界动物卫生组织(OIE)推荐的方法。其检测结果准确可靠,灵敏,极少量病毒也可检出。但其操作程序繁杂,费用高,实验室要求高(国家规定必须在 P3 级实验室进行),耗时费力,周期长,检测时间需 1～3 周,大面积应用推广受到较大限制。最常用的为细胞接种和鸡胚接种法,以细胞发生病变,鸡胚死亡或培养物(尿囊液)具有凝集红细胞特性作为判定依据,但确诊还需其他辅助检测手段。

(一)分离培养

病毒分离培养方法分为三种:组织细胞培养、鸡胚培养和动物培养。人流感病毒最初是通过雪貂分离出来的,但成年雪貂繁殖慢且难饲养从而成本高,故无法广泛应用。目前流感病毒采用鸡胚接种培养和犬肾(MDCK)细胞培养(宋利琼等,2012),具体方法为取检测样本的病毒培养液,接种生长良好的鸡胚或 MDCK 细胞,进行病毒培养分离与鉴定。通过鸡胚培养分离出来的流感病毒,它的抗原性与未经培养标本的抗原性不同,而用 MDCK 细胞培养分离出来的流感病毒,它的抗原性与未经培养标本的抗原性相似。最近因为"O"相毒株的出现,MDCK 细胞比鸡胚对"O"相毒株的敏感性大大地提升,因此,MDCK 细胞已成为流感病毒分离培养的主要宿主系统。由于 MDCK 传代细胞属肿瘤细胞系,经其培养分离的病毒不能使用在疫苗制备中,所以流感病毒培养分离时,要同时用鸡胚和 MDCK 细胞培养。

(二)鉴定

H7N9 流感病毒的鉴定方法有免疫学方法、分子生物学方法等。免疫学方法最常用的是血凝(HA)和血凝抑制(HI)试验、中和试验、免疫荧光技术、酶联免疫吸附试验等，分子生物学方法包括聚合酶链反应（PCR）、核酸杂交法、基因芯片技术、焦磷酸测序技术等。详细介绍参见本书第 31 页问题 16。

15. 动物源 H7N9 流感病毒与人源 H7N9 流感病毒有何不同？

甲型流感病毒属于正黏病毒科，其基因组为八个分节段的负链 RNA，共编码 11 种蛋白，根据两种表面蛋白 HA 和 NA 可分为不同的血清型。目前已从甲型流感病毒的天然宿主水禽中分离到 16 种 HA 与 9 种 NA 亚型的甲型流感病毒。野生水禽中的流感病毒偶然也可以感染家禽和哺乳动物。根据禽流感病毒对鸡致病性的不同，可以分为低致病性禽流感病毒（LPAIV）和高致病性禽流感病毒（HPAIV）。LPAIV 的 H7 和 H9 感染人的临床症状表现为轻微的呼吸道症状或是结膜炎，而人感染 HPAIV 的 H5 和 H7 亚型病毒可引起严重的疾病甚至死亡。

（一）动物源和人源的 H7N9 流感病毒对宿主的致病性、传播性以及临床症状不同

2013 年 3 月 31 日，中国报道了上海市和安徽省发现的 3 例人感染 H7N9 亚型流感病例。3 名患者感染 H7N9 病毒后均出现严重的肺炎和急性呼吸窘迫综合征（ARDS），3 名患者均已死亡，这是在 2003 年荷兰地区首例 H7 亚型病毒感染致死病例后再次出现 H7 亚型病毒感染死亡病例。进化树分析表明，该 H7N9 亚型流感病毒是全球首次发现的新型重配病毒，该病毒的 8 个基因节段均为欧亚谱系，其表面基因 HA 和 NA 分别与 A/duck/Zhejiang/12/2011（H7N3）和 A/wildbird/Korea/A14/2011（H7N9）类似株同源性高，6 个内部基因（PB2、PB1、PA、NP、M、NS）均来自 H9N2 亚型禽流感（Gao R et al.，2013）。

2013 年 5 月，疾病预防控制中心 Zhu 等首先在 *Science* 杂志上发表论文，报道了一株人源 H7N9 病毒对哺乳动物模型雪貂和猪的致病性及传播性。研究结果表明：病毒可以在雪貂的上呼吸道和下呼吸道有效地复制，造成支气管肺炎及大量的炎性细胞浸润；病毒可以在雪貂间通过直接接触和气溶胶的方式传播，但是直接接触的传播方式相比而言更加有效。H7N9 病毒可以在猪的呼吸道有效地复制，但是不能在猪之间，及猪与雪貂间传播(Zhu et al.，2013)。Zhang 等详细比较了禽源及人源 H7N9 分离株对禽类及哺乳动物的致病性和传播性。结果表明禽源 H7N9 分离株对鸡、鸭和小鼠均不致病，而人源 H7N9 分离株可以造成小鼠严重的体重下降，并在小鼠的肺内更加有效地复制。鸡源分离株对鸡的感染性和传播性较强，而对鸭较弱；鸽源分离株对鸡和鸭的感染性和传播性均不强。与 Zhu 等的研究结果类似，Zhang 等也证明了 H7N9 病毒可以在雪貂间传播，并且证明了在上海分离到的一株病毒可以在雪貂间更加有效地通过气溶胶传播(Zhang et al.，2013)。另外 Mok 等也用实验证明了在人体内分离的 H7N9 病毒可以造成小鼠呼吸系统的损伤，和肺内大量的炎性细胞的浸润及细胞因子分泌，但是其致病性要弱于高致病性 H5N1 病毒(Mok et al.，2013)。

动物源的 H7N9 流感病毒主要分离自禽类，目前在家禽养殖场所发现的 H7N9 流感病毒还较少，一般禽源 H7N9 流感病毒是在活禽交易市场以及农贸市场中分离到的。禽源的 H7N9 流感病毒对家禽的致病性低，通常不致病或者没有明显的临床症状，似乎禽类更多是 H7N9 流感病毒的带毒者。目前在一些临床病例中，H7N9 流感病毒可使蛋鸡的产蛋量下降，但极少出现致死鸡的现象。2017 年 2 月 19 日国家疾病预防控制中心发布公告称发现人感染 H7N9 病毒变异株，变异株 HA(血凝素)裂解位点处发生插入性突变，呈现强毒株的分子特征，这是我国官方首次公布发现高致病性 H7N9 病毒。而在 2017 年 1 月，农业部门在活禽交易市场中也发现了具有高致病性分子特征的 H7N9 病毒，随后全国各地有零星疫情发生，截至 2017 年 9 月 1 日，我国已公布了 9 起高致病性 H7N9 疫情，8 起发生于蛋鸡，1 起发生于肉鸡。发病鸡场呈现发病率高、死亡率高的特点。

(二)动物源和人源的 H7N9 流感病毒的内部基因有差异

造成 2013 年我国首次人类感染 H7N9 亚型病毒的 8 个基因片段全部为禽源，病毒的 HA 基因与浙江分离到的一株鸭源 H7N3 分离株同源性最高，NA 基因与一株韩国的野禽源 H7N9 分离株同源性最高，内部的 6 个基因与北京分离到的一株 H9N2 分离株高度同源，因此造成此次 H7N9 疫情的病毒是一个三源重组的病毒(Gao et al.,2013)。

人源 H7N9 流感病毒已获得了部分氨基酸变异(如:HA Q226L;PB2 E627K,D701N),这些突变能够增强病毒与人上呼吸道细胞表面受体的结合力,以及病毒的复制力。其 HA 蛋白具有 Q226L 的突变,该突变有利于病毒结合人类上呼吸道的唾液酸 α-2,6 半乳糖受体。病毒的 M2 蛋白具有 S31N 的突变,表明病毒具有金刚烷胺耐药性;其 NA 蛋白 294 位具有 R294K 的突变,表明此病毒对奥司他韦具有耐药性。PB2 蛋白均发生了 E627K 的突变,表明病毒具有哺乳动物适应性(Shi et al.,2013)。

通过对病毒基因组序列的氨基酸位点分析,研究人员发现新出现的 H7N9 流感病毒 HA 蛋白获得了高致病性禽流感病毒裂解位点的特征,NA 蛋白出现了 R294K、E119V、R152K、I222K/R 的突变,揭示了潜在的多重耐药特征,提示未来需加强临床上的耐药监测,以便及时调整治疗方案。

16. 动物源 H7N9 流感病毒的检测、诊断方法有哪些?

动物源流感检测、诊断方法有:病毒分离培养技术、病毒致病性测定、免疫学技术和分子生物学技术等。

(一)病毒分离培养技术

参见本书第 28 页问题 14。

(二)病毒致病性测定

禽流感病毒致病性测定应在具有高度生物安全性的实验室中进行,有以下两种方法,任选其一。

(1)静脉接种致病指数(IVPI)测定法　将病毒尿囊液用灭菌生理盐水稀释 10 倍(切忌使用抗生素),将此稀释病毒液以 0.1 mL/只静脉接种 10 只 6 周龄 SPF 鸡,2 只同样鸡只接种 0.1 mL 稀释液作对照(对照鸡不应发病,也不计入试验鸡)。每隔 24 h 检查鸡群一次,共观察 10 天。根据每只鸡的症状用数字每天进行记录:正常鸡记为 0,病鸡记为 1,重病鸡记为 2,死鸡记为 3(病鸡和重病鸡的判断主要依据临床症状表现。一般而言,“病鸡”表现有下述一种症状，而“重病鸡”则表现下述多个症状，如呼吸症状、沉郁、腹泻、鸡冠和/或肉髯发绀、脸和/或头部肿胀、神经症状。死亡鸡在其死后的每次观察都记为 3）。

判定标准：IVPI 值＝每只鸡在 10 天内所有数字之和/（10 只鸡×10 天），如指数为 3.00，说明所有鸡 24 h 内死亡；指数为 0.00，说明 10 天观察期内没有鸡表现临床症状。当 IVPI 值大于 1.2 时，判定分离株为高致病性禽流感病毒（HPAIV）。

（2）致死比例的测定　取血凝价在 $4\log_2$ 以上的无菌感染流感病毒的鸡胚尿囊液用等渗生理盐水 1∶10 稀释，以 0.2 mL/只的剂量翅静脉接种 8 只 4～8 周龄 SPF 鸡，在接种 10 天内，能导致 6 只或 6 只以上鸡死亡，判定该毒株为高致病性禽流感病毒株。

如分离物能使 1～5 只鸡致死，但病毒不是 H5 或 H7 亚型，则应进行下列试验：将病毒接种于细胞培养物上，观察其在胰蛋白酶缺乏时是否引起细胞病变或形成蚀斑。如果病毒不能在细胞上生长，则分离物应被考虑为非高致病性禽流感病毒。

所有低致病性的 H5 和 H7 毒株和其他病毒，在缺乏胰蛋白酶的细胞上能够生长时，则应进行与血凝素有关的肽链的氨基酸序列分析，如果分析结果同其他高致病性流感病毒相似，这种被检验的分离物应被考虑为高致病性禽流感病毒。

（三）免疫学技术

（1）血凝和血凝抑制试验　血凝（HA）和血凝抑制（HI）试验是目前兽医实验室常用的检测方法，作为血清学诊断技术之一，是利用禽流感病毒具有凝集红细胞的特性，且这种特性能被特异性抗血清抑制的原理，用于已知病毒检查血清中相应抗体状态和已知血清鉴定未知病毒。HA 和 HI 试验具有特异性好、操作方便、可同时进行大量样本试验、对试验环境要求不高等优点。

（2）琼脂凝胶免疫扩散（AGID）试验　在琼脂凝胶中进行抗原抗体反应比较简便、快捷，既可以定性（如免疫双扩散及免疫电泳中以沉淀线判定），又可以定量（如单辐射扩散）。由于所有的动物源流感亚型都具有型特异性 RNP 共同抗原（即 AIV 的“核心抗原”——NP 或 MP，其保守性很强，基本上不发生变异)，所以，可用一种动物源流感的抗原或抗血清对所有动物源流感病毒的抗体或抗原进行鉴定。但是，免疫沉淀试验都需要在凝胶中进行，其检出的敏感性有限，对低滴度的样品(无论抗原还是抗体)都会受沉淀试验本身敏感性的局限。免疫扩散试验不能分辨病毒的亚型。

(3)中和试验　以中和试验(NT)来鉴定或滴定流感病毒时，常用鸡胚或组织培养细胞。其方法是，在流感免疫血清(或待检血清)中，加入一定量的待检病毒 (或已知病毒)，两者混合均匀后，注射 9～10 日龄鸡胚(非免疫鸡所生的蛋)，或鸡胚成纤维细胞，或者有易感性的鸡，并设立不加血清的病毒对照。结果注射流感免疫血清(或待检血清)和待检病毒 (或已知病毒)混合材料的鸡胚或鸡不死亡；鸡胚成纤维细胞无病变，而对照组死亡或细胞培养出现病变，则可肯定待检病毒是流感病毒。其操作相当烦琐，所费时间也较长，试验材料耗费也多，故不常进行。

(4)免疫荧光技术　免疫荧光技术最早用于流感病毒是鉴定和定位病毒感染细胞中特异性的抗原，主要是流感病毒的 NP 或 MP 抗原。用 NP 抗原的荧光抗体染色，主要出现核内荧光；用 MP 抗原的荧光抗体主要出现胞质荧光，核内也有部分荧光。荧光抗体技术用于诊断，具有快速、简便、敏感等特点，而且费用低。需要注意的是，如何避免或降低标本中出现的假阳性问题(非特异性荧光)。

(5)酶联免疫吸附试验　酶联免疫吸附法(enzyme linked immunosorbent assay，ELISA)是用酶来标记抗原或抗体，通过显色反应来检测相应抗体或抗原的一种方法。简单程序(直接 ELISA)为：从感染尿囊液中超速离心制备抗原，以抗原包被酶标反应板，加入待检血清后，再加入抗抗体(酶标)，最后以酶标仪检测结果。

(四)分子生物学技术

(1)聚合酶链反应(PCR)　利用动物流感病毒毒株核酸片段一个相对保守区作为扩增靶区域，设计特异性引物探针，通过一步法 PCR 或实时荧光 PCR 体系扩增对动物源流感病毒进行定性检测。目前使用较多的是实时荧光 RT-PCR 方法，其原理是样品通过提纯 RNA，在高效反转录酶的作用下，以 RNA 为模板，以引物为起点合成与 RNA 模板互补的 cDNA 链。在热启动

Taq 酶的作用下，经高温变性、中温退火及延伸的循环，使特异 DNA 片段的拷贝数放大一倍，经荧光素标记的探针与扩增的 DNA 杂交，利用荧光 PCR 仪检测特异性荧光信号，根据样品 Ct 值(循环阈值)的大小及扩增曲线的形成情况判定结果。

(2)核酸杂交法　又称基因探针法。利用基因的变性、复性、碱基互补来探测 DNA 序列。基因探针通过分子杂交与目的基因结合，产生杂交信号，能从浩瀚的基因组中把目的基因显示出来。根据杂交原理，作为探针的核酸序列至少具备以下两个条件：①应是单链，若为双链，必须先进行变性处理。②应带有容易被检测的标记。可以包括整个基因，也可以仅仅是基因的一部分；可以是 DNA 本身，也可以是由之转录而来的 RNA。利用流感病毒 PB2 蛋白作为“诱饵”蛋白，通过经典酵母双杂交系统筛选由 Calu-3、A549、THP-1 和 U251 等 4 种细胞构建的 cDNA 文库，筛选到多个与 PB2 蛋白相互作用的宿主蛋白。针对其中筛选到的一种宿主蛋白 FHL2，进行免疫共沉淀(Co-IP)和激光共聚焦(confocal)试验，证实了 PB2 蛋白和 FHL2 蛋白二者之间存在相互作用，并且转染瞬时过表达 FHL2，发现该蛋白可以负调控流感病毒复制(孙楠等，2017)。

(3)基因芯片技术　是信息技术、微电子技术和生物学技术的结合，是在面积不大的芯片表面上有序地点阵排列一系列固定在一定位置的可寻址的识别分子(如寡聚核苷酸或蛋白质等，称为靶标)，在相同条件下与待检标记样品基因(探针)进行杂交，然后进行扫读分析获得基因芯片信息，具有平行性、高通量等优点。VereFlu 芯片能检测到流感不同亚型的特定阳性信号，10 份未知标本中有 8 份检测流感病毒阴性，2 份检测流感病毒阳性，其中 106 号检测到 H7 及 H9 亚型的阳性信号，503 号检测到 H9 亚型的阳性信号(李裕昌等，2014)。

(4)焦磷酸测序技术　焦磷酸测序技术(pyrosequencing)(赵永刚等，2014)是 1985 年发展起来的一种能够通过对基因序列测序实现检测和确诊的新型检测技术，具有高通量、快速、敏感等特点，其基本原理是设计带有生物素标记的扩增引物，通过 PCR 反应生成含有生物素标记的目的基因片段，然后制备测序单链模板。将待测单链模板与测序引物杂交结合，放入 PSQTM

96MD System 中进行测序反应。与普通 RT-PCR 和 real timc(实时)RT-PCR 等检测技术相比，本技术无须将 PCR 产物送交公司测序以便确诊，从而大大减少了病原确诊时间。焦磷酸测序技术在病毒特异性鉴定方面发挥着越来越重要的作用。

(五)国家推荐方法

目前，根据《农业部关于印发〈动物 H7N9 禽流感紧急监测方案〉和〈动物 H7N9 禽流感应急处置指南(试行)〉的通知》(农医发〔2013〕13 号)的规定，动物 H7N9 流感可采取的检测方法如下：

血清学检测：采用血凝抑制(HI)试验，检测血清中 H7 亚型禽流感病毒血凝素抗体。具体操作参照《高致病性禽流感诊断技术》(GB/T 18936—2003)中 HI 试验进行，H1 价大于或等于 $4\log_2$ 为阳性。

病原学检测：采用农业部推荐的 RT-PCR 或荧光 RT-PCR 检测方法，检测咽喉和泄殖腔拭子样品 H7 亚型禽流感病毒 HA 基因片段。按照推荐试剂(盒)的使用说明进行。

17. 实验室开展 H7N9 流感病毒的实验活动应采取怎样的防护措施？

由于人源的 H7N9 流感病毒对人具有较强的传染性，并且有较高的致死率，所以在从事相关实验研究时，必须采取必要的防护措施。自严重急性呼吸综合征(SARS)在我国暴发流行后，2003—2004 年国内外发生数起实验室 SARS 冠状病毒感染，引起全球重视。为防止实验室意外感染，避免所研究的高致病性病原微生物污染环境，各级部门均给予了前所未有的关注。我国国务院、国家卫生和计划生育委员会、农业部、国家质量监督检验检疫总局、建设部等颁布了系列生物安全法律、法规及标准，以规范从事病原微生物工作的实验室，尤其是从事高致病性病原微生物研究的实验室：明确生物安全三级实验室(biosafety level 3 laboratory，BSL-3)、生物安全四级实验室必须通过中国合格评定国家认可委员会(CNAS)的认可，并获国务院卫生主管部门或兽医主管部门从事高致病性病原微生物的实验活动资格认证后，方可开展相应实验活动。由于 BSL-3 实验室是从事高致病性病原微生物基础研究，病原检测和鉴定，以及疫苗和治疗药物研发、考核等工作的场所，即使实验室具有较为完善的设备和操作程序，实验人员仍存在被所操作的病原微生物感染的可能性（李劲松，2004）。在中国台湾地区和新加坡发生的实验室 SARS 冠状病毒感染案例，均为一线研究人员。经分析，其共同原因是工作人员主观上麻痹大意，未能按照实验室安全规范和程序操作（梁秀兰等，2005）。实验室管理的疏漏和意外事故导致工作人员感染，也可能造成环境污染和其他周围人群感染。因此，在高致病性病原微生物实验室运转过程中，实验室主要管理人员对日常工作的严格管理显得更为重要（李湘东等，2007）。BSL-3 实验室必须按规范和程序运行，实验室的生物安全与"人"密切相关，管理好实验室人员是保证实验室生物安全的关键。

（一）实验室人员管理

（1）对 BSL-3 实验室人员的总体管理要求　实验室负责人应指定若干适当的人员承担实验室安全相关的管理职责。实验室安全管理人员应具备专业教育背景，熟悉国家相关政策、法规、标准，熟悉所负责的工作，有相关的工作经历或专业培训，熟悉实验室安全管理工作，定期参加相关的培训或继续教育。实验室或其所在机构应有明确的人事政策和安排，并可供所有员工查阅。应对所有岗位提供职责说明，包括人员的责任和任务，教育、培训和专业资格要求，应提供给相应岗位的每位员工。应有足够的人力资源承担实验室所提供服务范围内的工作以及承担管理体系涉及的工作。如果实验室聘用临时工作人员，应确保其有能力胜任所承担的工作，了解并遵守实验室管理体系的要求。员工的工作量和工作时间安排不应影响实验室活动的质量和员工的健康，符合国家法规要求。在有规定的领域，实验室人员在从事相关的实验室活动时，应有相应的资格，如操作双扉高压锅等压力容器应有培训上岗证。应培训员工独立工作的能力，并定期评价员工可以胜任其工作任务的能力。实验室或其所在机构应维持每个员工的人事资料，可靠保存并保护隐私权。

（2）对 BSL-3 实验室操作人员的要求　BSL-3 实验室在满足国家标准《实验室　生物安全通用要求》（GB 19489—2008）硬件要求的前提下，实验人员将是决定实验室安全运行的决定性因素。在 BSL-3 实验人员管理方面，除需经生物安全培训并考核合格、身体健康等必备上岗条件及营造内部和谐氛围外，实验室主要管理者还必须考虑实验人员是否具有高度责任心、思想上是否对生物安全重视、对所要开展实验项目的熟悉程度、个人防护操作的熟练水平等，而高职称、高学历不一定是进入 BSL-3 实验室工作的必备条件。

BSL-3 实验室要求操作人员在实验过程中不仅需注意操作过程，还需注意各操作步骤的生物安全防护及意外事故的及时处理。因此，为保证实验室安全运转，进入 BSL-3 实验室操作的实验人员，最好有 2 年以上病原微生物学的工作经历，尤其要求已能熟练进行病原微生物实验操作并掌握实验原理。具有上述技能的人，经过生物安全培训（含实际操作中的生物安全注意事项等），可在 BSL-3 实验室中开展工作。本科生或低年级在读研究生，鉴于对病原微生物缺乏充分了解，特别是对病原微生物实验操作不够熟练，不适宜立即进入 BSL-3 实验室工作。世界卫生组织《实验室生物安全手册》(2004)中也特别强调了良好的专业训练和技能在实验室生物安全中的重要性（WHO，2004）。

（3）BSL-3 实验室操作人员的培训重点　在进入 BSL-3 实验室前，我国国务院《病原微生物实验室生物安全管理条例》规定：实验人员按规定进行生物安全培训和考核，但目前培训状况是理论多于实际。除了让培训者了解生物安全相关的国家法律、法规、标准，以及实验室的规章、制度外，更应注重培训以下几点：必须认识到个人（或实验室工作人员）原因造成生物安全事故需负相应的法律责任，清楚在 BSL-3 实验室哪些事可干、哪些事不可干，进出实验室个人防护装备的穿戴、脱卸程序，生物安全事故发生时的应急处置，实验过程中易出现生物安全风险的操作步骤及防范措施等，而病原微生物实验操作技术的学习和熟练程度不应由 BSL-3 实验室负责培训（进入实验室前就应具备）。BSL-3 实验室管理人员不仅要严格按照国家法律、法规进行 BSL-3 实验室的管理，还需经常与国内外相关单位相互学习和交流。在充分考虑我国生物安全法律、法规的前提下，学习国内外相关单位 BSL-3 实验室有效的管理制度及操作程序，根据本单位具体情况，有的放矢地吸收、改良和利用，形成文件并严格执行。

（4）BSL-3 实验室操作人员的管理重点　在 BSL-3 实验室的生物安全管理环节中，对实验人员的管理最为困难。对新进的实验人员与具有 BSL-3 实验室工作经验的实验人员，管理的重点有所不同。对新进的实验人员，需重点关注其实验操作的基本技能及对实验室内生物安全操作规程和进出流程的执行。一般来说，这些实验人员初进 BSL-3 实验室，往往比较谨慎，并能认真执行生物安全制度和操作程序，在生物安全方面出错的可能性相对较少；但在实验中若出现意外事故，则较易紧张和不知所措。因此，需特别关注其在实验中的可能出错并及时处理。对具有 BSL-3 实验室工作经验的人员，应特别关注其生物安全操作规程和进出流程的执行。因在实验室长期工作未发生问题，可能会放松对生物安全的要求，无意中未遵循所制定的生物安全操作规程和进出流程。因此，对实验人员的管理应具有个性管理、过程管理等特点。

总之，实验室的生物安全防护问题需长期受到重视。在日常管理中，必须不断提高 BSL-3 实验室人员基本素质（包括人品素质和专业素质），通过经常化的培训，加深其对实验室生物安全的认知和意识，提高其实际操作和应急实战的能力。只有具有高素质的队伍，才能保证 BSL-3 实验室的生物安全管理到位，掌控生物安全的关键环节，确保实验室的安全运转，防患于未然，确保科研人员的安全，有利于高致病性微生物检测和研究的顺利进行；也有利于确保周围环境不受污染，保证人群的安全（周志统等，2011）。

（二）实验室平面布局及设施设备管理

BSL-3 实验室在平面布局和设施设备管理方面应符合国家相关标准的要求。实验室应明确区分辅助工作区和防护区，应在建筑物中自成隔离区或为独立建筑物，应有出入控制。防护区中直接从事高风险操作的工作间为核心工作间，人员应通过缓冲间进入核心工作间。围护结构（包括墙体）应符合国家对该类建筑的抗震要求和防火要求。实验室防护区内围护结构的所有缝隙和贯穿处的接缝都应可靠密封。应安装独立的实验室送排风系统，应确保在实验室运行时气流由低风险区向高风险区流动，同时确保实验室空气只能通过高效过滤器过滤后经专用的排风管道排出。应在实验室防护区内设置生物安全型高压蒸汽灭菌器，宜安装专用的双扉高压灭菌器，其主体应安装在易维护的位置，与围护结构的连接之处应可靠密封。应在风险评估的基础上，适当处理实验室辅助区的污水，并应监测，以确保排放到市政管网之前达到排放要求。实验室应有对设施设备（包括个体防护装备）管理的规定和程序，包括设施设备的完好性监控指标，巡检计划，使用前核查，安全操作，使用限制，授权操作，消毒灭菌，禁止事项，定期校准或检定，定期维护，安全处置，运输，存放等。

18. 目前针对 H7N9 流感病毒有哪些新的研究进展？

近年来，流感已经给人类公共卫生造成了严峻的挑战，不仅引起各种动物的流感流行，还频繁导致人类的感染。2013 年 3 月，我国长江三角洲地区出现全球首次人感染 H7N9 流感病毒病例，现在临床上已经发现了几起 H7N9 病毒有限的人传人事件，但一般认为，目前病毒还没有发生重大宿主适应性变异，还不具备持续的人传人能力，但是一旦感染 H7N9 流感病毒，感染者发病急，致死率高。刘加夫等探讨人感染高致病 H7N9 流感的流行病学和临床病理学特征，其流行病学表现为病情进展迅速、凶险，临床表现为重症肺炎、多脏器功能衰竭等（刘加夫等，2016），因此引起各界人士的高度重视。

(一)基因序列分析以及进化特征

流感发展如此迅速，越来越多的人，将目光转移到基因序列。王楷宬等为了探索一株 H7N9 流感病毒的基因组特性和进化特征，利用高通量测序开展 H7N9 亚型流感的监测、全基因分析和溯源研究，使用 Ion Torrent PGM 测序仪对该毒株进行了全基因测序（王楷宬等，2016）。结果发现该毒株与 2013 年引起我国华东地区疫情的 H7N9 流感毒株的亲缘关系较近，但是发生疫情之后的 H7N9 流感病毒与之前的有明显的差异，发生了重组和变异。

(二)H7N9 流感病毒的检测技术

章倩云等针对禽流感病毒 M 基因、H7 基因、N9 基因这 3 个基因片段的保守序列，通过进行特异性标记、PCR 扩增以及试验验证后，建立了一种快捷灵敏的禽流感病毒 PCR-ELISA 检测技术（章倩云等，2016），将免疫学和分子生物学方法很好地结合起来，在原本的 RT-PCR 的基础上，通过信号逐级放大过程，进一步提高了该方法的敏感度；又通过 PCR 的产物与特异性探针杂交的过程，更进一步增强了 PCR-ELISA 检测技术的特异性。2017 年华南农业大学与深圳出入境检验检疫局联合研发了可以区分强弱毒的 H7N9 双重荧光 RT-PCR 方法，这是我国首个针对高致病性 H7N9 病毒的荧光 RT-PCR 检测方法（Jia et al.，

2017)。

(三)H7N9 流感病毒的传染源、传播途径

H7N9 流感病毒在鸡体里如何分布,有哪些传播途径,而最主要的途径又是什么,也是学者们所关注的。陈建等对 H7N9 流感病毒在鸡的多个器官分布进行了研究,从活禽市场现场宰杀的 20 只活鸡中筛选 H7N9 流感病毒阳性者,取其气管、肺、肝、肠制作石蜡切片,用抗流感病毒核蛋白单抗孵育结合后与 DAPI(4′,6-二脒基-2-苯基吲哚)及带有 FITC(异硫氰酸荧光素)的二抗孵育结合,阳性样本有蓝色和绿色荧光,阴性样本仅发出蓝色荧光,再用荧光显微镜及激光扫描共聚焦显微镜分别进行观察(陈建等,2016)。在受检的 20 只活鸡中,一共发现 9 只活鸡感染 H7N9 流感病毒,感染率为 45%。其中 6 只在肝组织切片观察到病毒颗粒荧光,5 只在气管切片观察到病毒颗粒荧光,5 只在肠组织切片观察到病毒颗粒荧光,2 只在肺组织切片观察到病毒颗粒荧光,其中 1 只鸡在四种器官中均阳性,1 只鸡只在肠组织切片中观察到病毒。试验结果表明,鸡全身多个组织器官有 H7N9 流感病毒的受体,特别是在消化道分布较广,提示粪—口途径是病毒感染的重要途径。

(四)H7N9 流感病毒的监测与防控

彭聪等(2016)在广州进行了广州市活禽交易市场休市效果评估队列研究,研究结果显示:每月一次(天)的休市能迅速减少活禽交易市场内禽流感病毒的污染,但是随着市场的重新开放,感染禽流感病毒活禽的重新进入,市场内禽流感病毒阳性率再次迅速升高。因此,他们推测仅仅依靠每月一次(天)的休市措施,无法从根本上降低本地区活禽交易市场内禽流感病毒的污染程度和人感染禽流感的风险,需进一步调整防控策略,采取综合的防控措施。

(五)H7N9 流感病毒变异株的研究

H7N9 变异株的出现不仅对人类健康造成巨大威胁,也严重威胁我国的养殖业。2017 年 1 月,广东省疾病预防控制中心对两例人感染 H7N9 病例分离到的病毒分别进行了基因测序分析,发现在这两株病毒的血凝素链接肽位置发生了基因插入性突变,检测结果已经中国疾病预防控制中心病毒病所国家流感中心复核确认。中国疾病预防控制中心组织专家研判,并与农业部门相关专家沟通后认为,H7N9 病毒在血凝素链接肽位置发生的基因插入性突变,提示该病毒突变为对禽高致病性的病毒；根据病毒序列分析结果，该变异病毒尚未发生对人感染力、毒力和人际传播能力增强的突变。中国台湾学者对台湾省 2017 年首例确诊的 H7N9 病例进行了病毒分离和全基因组序列分析，这是首次以研究论文的方式报道人感染带有多碱性切割位点高致病性 H7N9 流感（Yang J R et al.，2017）。2017 年 4 月 6 日，中国大陆首次发表关于人感染高致病性 H7N9 流感的研究论文，研究团队结合临床诊断、实验室检测和序列比对分析，报道了对两例病例中高致病性 H7N9 流感病毒的发现情况（Zhang F et al.，2017）。2017 年 5 月 11 日，来自中国疾病预防控制中心国家流感中心的研究者于 *Eurosurveillance* 杂志上发表题为“Biological characterisation of the emerged highly pathogenic avian influenza (HPAI) A(H7N9) viruses in humans, in mainland China, 2016 to 2017”的文章，这是我国科学家首次系统揭示高致病性 H7N9 病毒生物学特征的报道（Zhu W et al.，2017）。

（六）H7N9 流感疫苗的研究

预防流感最有效和经济的措施是接种疫苗，但流感病毒的持续变异可逃避人群已有的免疫应答，目前使用的季节性流感疫苗仅对亚型内抗原匹配较好的毒株产生免疫保护作用，难以有效应对因抗原漂移或抗原转换而产生的无法预料的流感大流行。因此，研发对流感病毒不同亚型均具有交叉免疫保护作用的广谱流感疫苗具有重要意义。近年来，流感病毒的广谱中和抗体的发现、对流感病毒抗原保守区域及细胞免疫机制的深入研究、疫苗免疫策略的优化等都为广谱流感疫苗的研发提供了新思路。

19. H7N9 流感病毒对禽的致病性如何？

（一）H7N9 流感病毒在禽类中潜在流行

H7N9 亚型流感病毒以往仅在禽类中潜在流行。H7N9 流感能在家禽及野禽中隐匿地传播，禽类仅携带病毒，但大面积发病少。而大多数人类感染疾病后病情较重，人类感染也是起到“哨兵”作用，人类病例的数量及地理范围意味着在其他动物中可能正在进行着潜在流行。

（二）H7N9 流感病毒对禽类呈现新的致病特点

据报道，多数感染野生鸟类及禽类的 H7 病毒都是低致病性的（马春娜等，2012）。在 2017 年之前的研究中，H7N9 均表现出对禽类的无致病性或低致病性。虽然 H7N9 流感病毒在实验室中对 SPF 鸡没有致死性，一般在家禽中也不发病，但是越来越多的案例表明 H7N9 流感病毒对家禽的影响逐渐增大。当然这与养殖生产的混合感染、继发感染有很大关系。中国农业大学赵继勋曾在 2013 年 4 月至 2014 年 6 月从表现产蛋下降，异常死鸡的鸡群中分离出几株具有血凝性的病毒（赵继勋，2014）。经 HA 和 HI 血清学检测，病毒株全基因测序证实为 H7N9 流感病毒。对三株临床表现有差异的不同时间分离株经 7 周龄 SPF 鸡 IVPI 攻毒鉴定，24 周龄产蛋鸡、18 日龄商品肉鸡人工接毒试验及试验鸡的剖检，病理组织学检查，拭子样品的 PCR 检测证实禽源 H7N9 流感病毒有致病性增强的趋势。

2017 年 2 月 19 日，国家疾病预防控制中心发布公告称发现人感染 H7N9 病毒变异株，变异株 HA（血凝素）裂解位点处发生插入性突变，呈现强毒株的分子特征，这是我国官方首次公布发现高致病性 H7N9 病毒。而在 2017 年 1 月，农业部门在活禽交易市场中也发现了具有高致病性分子特征的 H7N9 病毒，随后全国各地有零星疫情发生，截至 2017 年 9 月 1 日，我国已公布了 9 起高致病性 H7N9 疫情，8 起发生于蛋鸡，1 起发生于肉鸡。我国高致病性 H7N9 疫情已呈现全国散发流行的状态。

从临床发病特点看，当前我国家禽中呈现高致病性 H7N9 和低致病性 H7N9 同时流行的特点。高致病性 H7N9 流感呈现传播范围广、发病率和死亡率高的特点；主要发生于鸡，各个日龄均可发病，死亡率 20%～100%，部分养殖户死亡率可达 100%；不同毒株传播速度有差异，主要通过消化道和呼吸道传播；病鸡表现为发热、拉白色或黄绿色粪便、鸡冠发绀、眼结膜炎、脚鳞出血，剖检可见腺胃肌胃交界处出血、脾脏肿大。低致病性 H7N9 流感常见于蛋鸡场和肉鸡场，可使产蛋下降 20%以上，表现为呼吸道症状和消化道症状。致病性研究结果表明，部分高致病性 H7N9 病毒对鸡表现超强毒力，IVPI 可达 3，实验鸡在24 h 内可 100%死亡，具有典型的高致病性禽流感病毒特征。如果采取点眼滴鼻途径进行攻毒，攻毒组的鸡在 3 天内 100%死亡，同居组的鸡 6 天内也会 100%死亡，发病鸡的病理表现以全身多器官出血和坏死为主（贾伟新等，2017）。

20．H7N9 流感病毒的进化趋势如何？

H7N9 病毒作为甲型流感病毒的主要特征之一就是容易发生基因重配和突变。有些突变可能导致病毒对动物、人的感染力、毒力以及人际传播能力的增强。2013 年初 H7N9 病毒刚被发现之时，仅限于我国长三角地区，四年过去，H7N9 病毒已扩散至大半个中国。由于其低致病性特点，感染的禽类不表现临床症状。而感染的家禽种类多，加之病毒基因型复杂，内部基因进化活跃，实行病毒根除计划已不可行。针对 H7N9 流感病毒流行的严峻形势和对公共卫生的严重威胁，需要密切关注其进化趋势。

（一）可产生在人群中能持续传播的新的变异病毒

H7N9 病毒通过基因突变和基因重配方式持续进化，可能产生能在人群中持续传播的新的变异病毒。点突变和基因重配都可能增强 H7N9 病毒对人体的适应性和传播能力，从而可能产生引起人类新的流感大流行的毒株。理论上，禽流感病毒可以通过基因点突变适应人体，这一过程可能也需要一个中间宿主过渡，比如猪。这种产生流感大流行毒株的方式，1918 年西班牙流感似乎可以作为佐证。近百年来，不同来源的流感病毒基因重配，是产生人类流感大流行毒株的主要方式。除了 1918 年西班牙流感（H1N1）外，1957 年亚洲流感（H2N2）、1968 年中国香港流感（H3N2）和 21 世纪甲型 H1N1 流感（2009 年）都是由基因重配引发的。这些大流行重配病毒有一共同特点，就是都含有之前人群中流行的流感病毒基因，因此，应高度关注 H7N9 病毒与人季节性流感病毒的基因重配现象。这种基因重配的发生可能需要一个中间宿主，首选家猪，因为禽流感病毒和人流感病毒都能感染猪，而重配的中间宿主可能是人或猪；此外，火鸡作为可能的中间宿主似乎也不能忽略，因为火鸡也会感染人流感病毒和禽流感病毒。需要注意的是，人本身也可以作为病毒基因重配的“混合器”。在 2013 年发现人混合感染禽 H7N9 和人 H3N2 病毒现象（Zhu Y et al.,2013),为人作为流感病毒基因"混合器"提供了直接证据。

新发 H7N9 流感病毒可能是多起源的,这个已经被 H7N9 病毒内部基因序列系统发育学分析结果所证实。位于长江三角洲附近的禽流感 H9N2 病毒可能作为 H7N9 内部基因片段的一个基因池,这个 H9N2 基因池作为源头不断向 H7N9 病毒提供内部基因。新发的 H7N9 病毒是通过一系列不同的重配事件产生的,这些重配事件与长江三角洲一代的 H9N2 亚型流感病毒这个基因池有关,其中多样的 H9N2 病毒提供了多种的内部基因片段组合,这些基因片段的组合通过 H9N2 与 H7N9 病毒间的重配而形成多样化的 H7N9 流感病毒。更深入的分析显示:H7N9 流感病毒在感染人之前已经产生,而且流行存在了一段时间。由于禽流感 H9N2 基因池的持续存在,这些结果也在一定程度上暗示 H7N9 病毒可能会潜在产生更加多样的重配毒株。

(二)已发现突变为高致病性禽流感病毒

与低致病性禽流感病毒相比,高致病性禽流感病毒对动物和人类健康的危害更大。一般认为,后者来源于前者的基因突变,主要是在 HA 蛋白裂解位点引入多个碱性氨基酸。21 世纪初,智利(2002 年)和加拿大(2004 年)出现的高致病性 H7N3 禽流感病毒,是低致病性 H7N3 病毒在 HA 裂解位点引入新的氨基酸序列引起的,其分子机制是 HA 基因和 NP 或 M 基因发生了非同源重组。不容置疑的是,如果 H7N9 病毒突变为高致病性,将会对动物和人类健康造成重大威胁(祁贤等,2014)。2017 年 1 月,华南农业大学廖明团队从粤东地区活禽市场采集的禽类标本中,首先发现了 H7N9 变异株。针对这一发现,廖明团队马上通报广东省疾病预防控制中心,建议加强对人感染 H7N9 病例中病毒变异的监测。不久,广东省疾病预防控制中心找到了与廖明团队发现的高度相似的病毒变异株。2017 年 1 月下旬,广东省疾病预防控制中心对两例人感染 H7N9 病例分离到的病毒分别进行基因测序分析,发现在这两株病毒的血凝素链接肽位置发生基因插入性突变,提示该病毒突变为对禽高致病性的病毒。

(三)可能通过感染野禽或候鸟进一步扩大感染的地理范围

作为自然储存宿主,野禽(特别是野生水禽)在甲型流感病毒的生态系统中占据重要地位。理论上,家禽中的流感病毒都来源于野禽;反之,在家禽中已适应的流感病毒也可能逆向传播给野禽，这不仅会丰富野禽的流感病毒基因库，也会通过候鸟迁徙扩展病毒的传播范围。2005 年春季，H5N1 型高致病性禽流感在我国青海湖鸟岛集群繁殖水鸟中暴发，表明 H5N1 禽流感病毒在中亚的扩散与候鸟活动有很大的关系。感染 H7N9 病毒的家鸭可能通过污染水源而将病毒逆向传染给野禽，通过野禽的活动和季节性迁徙而将病毒扩散到更为广泛的地方。如果这种可能发生，将对世界范围内禽流感防治和公共卫生造成巨大冲击。

21．为什么家禽感染 H7N9 流感病毒后会释放病毒？

病毒不同于细菌等微生物，它具有独特的机制在机体中复制释放。虽然 H7N9 流感病毒弱毒株对家禽不致病，但是 H7N9 流感病毒侵入家禽的呼吸道和消化道黏膜并复制，由粪便排出体外，禽泄殖腔中含有大量的流感病毒。

家禽感染 H7N9 流感病毒后能释放病毒的关键在于感染后病毒在家禽体内复制并导致家禽持续排毒，污染环境，感染其他机体。从病毒进入宿主细胞开始，经过基因组复制和病毒蛋白合成，至释放出子代病毒的全过程称为一个复制周期。病毒的复制周期主要包括吸附与入侵、生物合成、核酸复制和组装四个连续步骤。

(一)病毒感染的过程

潜伏期：经吸附、穿入并脱壳进入宿主细胞的病毒在宿主细胞内进行大量复制。

发病期：细胞内大量复制后新组装的病毒粒子使宿主细胞崩解，从而由胞内释放到胞外，再通过血液循环过程进入全身各种组织器官中，最终引起机体发生病变，致使动物发病甚至死亡。

病程转归：若机体抗感染能力占上风，机体则会康复；而当机体抵抗力下降时，残存的少量病毒粒子又会再次活跃起来，病毒会再启动胞内复制，致使疾病过程循环，造成新的感染。

(二)病毒在机体中复制的必需环节

吸附与入侵:病毒通过静电吸附和特异性吸附与宿主细胞结合,连接后的病毒通过穿入脱壳、内吞小体脱壳或者在核膜脱壳等方式侵入宿主细胞。

生物合成:侵入宿主细胞的单股负链 RNA 需依赖自身 RNA 的 RNA 聚合酶转化为中间产物 mRNA,然后再进行转录。

核酸复制:转录物在酶的作用下进行核酸复制。

组装:在聚合酶等作用下,核酸复制产物最终进行自身的蛋白质表达,从而完成病毒粒子的组装(郭利军,2013)。

22. 哪些单位可以开展 H7N9 流感病毒的研究?

凡是涉及 H7N9 流感病毒培养或动物实验的研究只有在高等级生物安全实验室(生物安全三级或四级实验室)才可以开展,而且我国高等级生物安全实验室实施国家强制认可制度,即生物安全三级或以上实验室必须通过国家认可,否则不能开展相应实验活动。截至 2017 年 4 月,我国通过国家认可的生物安全三级实验室有 47 家,生物安全四级实验室 1 家,国家对以上实验室的名称和单位未予公开。高等级生物安全实验室主要分布于卫生口的疾病预防控制中心、农业口的动物疫病预防控制中心、高校、科研院所、出入境检验检疫系统和个别企业。

如不涉及 H7N9 活病毒的培养或动物实验,仅仅做样本的核酸检测,则可以在生物安全二级实验室开展。截至 2017 年 4 月,我国通过国家认可的生物安全二级实验室有 20 家,主要分布在出入境检验检疫系统。

参考文献

陈建,房师松,曾华书,等. 2016. H7N9 禽流感病毒在鸡多个器官分布的研究[J]. 中国热带医学,08:774-777.

陈雅,朱进,冯振卿. 2016. 新型人感染 H7N9 型禽流感病毒研究进展[J]. 医学研究生学报,07:759-763.

董方圆，郑青，房师松.2015. 甲型流感病毒跨物种传播的分子机制研究进展[J].热带医学杂志,10:1442-1445.

甘孟侯. 2002. 禽流感[Z]. 北京：中国农业出版社.

甘孟侯.1999.中国禽病学[M].北京:中国农业大学出版社.

官旭华. 2013. 人感染 H7N9 流感研究进展[J]. 公共卫生与预防医学，6:1-4.

郭利军. 2013. 家禽病毒性疾病发病机理及防控措施[J]. 中国动物保健,05:44-46.

郭元吉，程小雯. 1997. 流行性感冒病毒及其实验技术[Z]. 北京：中国三峡出版社.

何凤丽. 2014. H7N9 禽流感病毒的生物信息学分析[D]. 河北科技大学.

贾珊珊. 2007. H7 亚型禽流感病毒 HA、HA1 基因重组杆状病毒表达及其抗原性检测[D]. 东北农业大学.

贾伟新，廖明. 2017. 当前我国 H5、H7 亚型禽流感流行现状及防控建议[J]. 中国家禽，39(16):1-4.

江丽芳. 2013. H7N9 禽流感病毒研究现状[J]. 中山大学学报(医学科学版)，05:651-656.

蒋文明. 2014. 从“H7N9 禽流感”命名说开去[J]. 中国动物检疫,08:80-82.

李劲松. 2004. 病原微生物 BSL-3 实验室的建设和管理的基本要求[J]. 中国医学装备,1(2):34-36.

李湘东,孙理华. 2007. 三级生物安全实验室管理体系的建立[J]. 公共卫生与预防医学,18(5):126-128.

李裕昌,张雨,吴晓燕,等. 2014. VereFlu 芯片检测 H7N9 亚型流感病毒的效果评价[J]. 灾害医学与救援(电子版),3(1):3-7.

梁秀兰,贺淑霞. 2005. 加强实验室生物安全管理势在必行[J]. 实用医技杂志,12(1B):221-222.

刘春艳,艾军红. 2013. 甲型 H7N9 禽流感病毒的病毒学特征[J]. 中国当代儿科杂志,06:405-408.

刘加夫,淦蓓,林清华,等. 2016. 人感染 H7N9 禽流感临床病理学特征分析[J]. 临床与实验病理学杂志,03:309-312.

龙北国，江丽芳. 2003. 高级医学微生物学[M]. 北京：人民卫生出版社.

罗宝光,莫秋华,李儒曙,等. 2014. 新型 H7N9 禽流感病毒多重荧光 RT-PCR 快速检测方法的建立[J]. 病毒学报,30(1):1-5.

马春娜,杨鹏,张奕,等.2012. 北京市郊区鸭养殖和屠宰人群禽流感暴露及病毒感染情况调查[J]. 中华流行病学杂志,33(4):374-377.

彭聪,彭南秀,段晓冬,等. 2016. 广州市活禽交易市场休市效果评估队列研究[J]. 中国动物检疫,08:3-7,12.

祁贤,汤奋扬. 2014. H7N9 禽流感病毒的生物学特征及进化趋势[J]. 江苏预防医学,02:47-50.

宋利琼，李金明. 2012. 呼吸道病毒检测方法的研究进展[J]. 国际病毒学杂志，2(19)：30-31.

孙楠，梁立滨，王金光，等. 2017. 应用酵母双杂交系统筛选与流感病毒 PB2 蛋白相互作用的宿主蛋白[J]. 中国预防兽医学报，39(1)：15-19.

孙士生，王秦哲，李铮. 2011. 流感病毒糖蛋白糖链的作用和功能研究[J]. 中国科学化学，2011，41(3)：424-432.

谭伟，徐倩，谢芝勋. 2014. 禽流感病毒研究概述[J]. 基因组学与应用生物学，01：194-199.

田国斌，于康震，唐秀英，等. 2002. 禽流感灭活疫苗的标准化研究[J]. 中国兽药杂志，04：41-44.

汪洋，韩焘，姜畔，等. 2015. 新型甲型 H7N9 流感病毒研究进展[J]. 中国病毒病杂志，1：67-71.

王楷宬，邱源，庄青叶，等. 2016. 高通量测序分析 1 株 H7N9 流感病毒的全基因[J]. 中国动物检疫，04：72-76.

王培坤，韦平. 2013. H7N9 流感病毒的动态[J]. 广西畜牧兽医，03：191-192.

魏燕楠. 2015. H7N9 甲型流感病毒神经氨酸酶抑制剂评价模型的建立及新型神经氨酸酶抑制剂的发现[D]. 北京协和医学院.

谢辛慈，刘璐，袁松华，等. 2016. 广谱流感疫苗的研究进展[J]. 微生物与感染，01：48-54.

修文琼，郑奎城. 2014. 新型 H7N9 禽流感病毒研究进展[J]. 中国人兽共患病学报，06：636-644.

徐建青. 2015. 高致病性流感病毒逃逸宿主固有免疫清除作用的机制[J]. 中国免疫学杂志，09：1153-1155.

殷震，刘景华. 1997. 动物病毒学[M]. 2 版. 北京，科学出版社.

张宝，等. 2013. H7N9 病毒的来源和重组模式[J]. 南方医科大学学报，07：1017-1021.

张蔚，施一. 2015. 禽流感病毒跨种传播的分子机制[J]. 生命科学，05：539-548.

张晓红，张虎芳. 2005. 候鸟迁徙与禽流感(Avian Influenza，AI)传播[J]. 太原师范学院学报：自然科学版，4(4)：81-84.

张毅，康京丽，王静静，等. 2013. H7N9 亚型流感病毒病原学及流行病学分析[J]. 中国动物检疫，09：27-30.

章倩云，焦永军，刘丹丹，等. 2016. 甲型 H7N9 流感病毒多重 PCR-酶联免疫吸附检测方法的建立及应用[J]. 中国卫生检验杂志，10：1380-1383，1387.

赵继勋. 2014. 禽源 H7N9 禽流感病毒致病性的研究[A]//中国畜牧兽医学会(Chinese Association of Animal Science and Veterinary Medicine). 中国畜牧兽医学会 2014 年学术年会论文集[C].

赵健乔，王军政，胡桂学，等. 2014. 禽流感病毒的分子致病机理及其跨种传播的分子机制研究进展[J]. 经济动物学报，03：178-183.

赵朴，郑玉姝，乔传玲，等. 2008. A 型流感病毒逃避免疫应答的策略[J]. 生物化学与生物物理进展，10:1137-1141.

赵永刚，刘华雷，王静静，等. 2014. 利用焦磷酸测序技术检测 H7N9 禽流感病毒 NA 基因分子标签[J]. 中国动物卫生与流行病学中心，30(04):369-373.

中华人民共和国国家卫生和计划生育委员会. 2013. 人感染 H7N9 流感诊疗方案 [Z]. 2 版.

中华人民共和国国家卫生和计划生育委员会. 上海、安徽发 3 例人感染 H7N9 禽流感确诊病例 [EB/OL]. (201303-31) [2013-6-25]. http://www. moh. gov. cn/yjb/yqxx/. 201303/524e6204e5f64fb6949634c366992321. shtml.

中华人民共和国国家质量监督检验检疫总局，中国国家标准化管理委员会. 2008. 实验室生物安全管理通用要求(GB 19489—2008)[S].

中华人民共和国国务院. 病原微生物实验室生物安全管理条例[EB/OL]. 2004. http://www. doc88. com/p-99739771456. html.

中华人民共和国建设部，中华人民共和国国家质量监督检验检疫总局. 2004. 生物安全实验室建筑技术规范(GB 50346—2004)[S].

中华人民共和国卫生部. 2002. 微生物生物医学院实验室生物安全通用准则(WS 233—2002)[S].

周志统，瞿涤. 2011. 生物安全三级实验室人员管理相关问题的探讨. 2011. 微生物与感染，6(3)：188-190.

朱闻斐，高荣保，王大燕，等. 2013. H7 亚型禽流感病毒概述[J]. 病毒学报，03:245-249.

Abdel-Ghafar A N, Chotpitayasunondh T, Gao Z, et al. 2008. Update on avian influenza A (H5N1) virus infection in humans[J]. N Engl J Med, 358(3): 261-273.

Amano Y, Cheng Q. 2005. Detection of influenza virus and development of biosensors: traditional approaches [J]. Anal Bioanal Chem, 381:156-164.

Bao C J, Cui L B, Zhou M H, et al. 2013. Live-animal markets and influenza A (H7N9) virus infection[J]. N Engl J Med, 368: 2337-2339.

BEARDCW. 1986. Avian influenza antibody detection by PCR [J]. Avian Disease, 42:779-785.

Chen Y, Liang W, Yang S, et al. 2013. Human infections with the emerging avian influenza A H7N9 virus from wet market poultry: clinical analysis and characterisation of viral genome [J]. The Lancet, 381(9881):1916-1925.

Cohen J. 2013. Influenza. New flu virus in China worries and confuses[J]. Science, 340(6129): 129-130.

Colman P M, Varghese J N, Laver W G. 1983. Structure of the catalytic and antigenic sites in influenza virus neuraminidase[J]. Nature, 1983, 303(5912):41-44.

Cowling B J, Jin L, Lau E H Y, et al. 2013. Comparative epidemiology of human infections with avian influenza A H7N9 and H5N1 viruses in China: a population-based study of laboratoryconfirmed cases[J]. The Lancet,382(9887):129-137.

Elster C, Larsen K, Gagnon J, et al. 1997. Influenza virus M1 protein binds to RNA through its nuclear localization signal. [J]. Journal of General Virology, 78(7):1589-1596.

Everitt A R,Clare S, Pertel T,et al. 2012. IFITM3 restricts the morbidity and mortality associated with influenza[J]. Nature, 484:519-523.

Gack M U, Shin Y C, Joo C H, et al. 2007. TRIM25 RING-finger E3 ubiquitin ligase is essential for RIG-I-mediated antiviral activity[J]. Nature, 446(7138):916-920.

Gao R, Cao B, Hu Y, et al. 2013. Human infection with a novel avian-origin influenza A (H7N9) virus[J]. N Engl J Med,368(20): 1888-1897.

Han J, Jin M, Zhang P, et al. 2013. Epidemiological link between exposure to poultry and all influenza A(H7N9) confirmed cases in Huzhou city, China, March to May 2013[J]. Euro Surveill, 18(20).

Hankins R W, Nagata K, Kato A, et al. 1990. Mechanism of influenza virus transcription inhibition by matrix (M1) protein[J]. Research in virology, 141(3):305-314.

Hu Y, Lu S, Song Z, et al. 2013. Association between adverse clinical outcome in human disease caused by novel influenza A H7N9 virus and sustained viral shedding and emergence of antiviral resistance[J]. Lancet, 381(9885):2273-2279.

Imai M, Kawaoka Y. 2012. The role of receptor binding specificity in interspecies transmission of influenza viruses[J]. Cur Opin Virol, 2(2):160-167.

Ito T, Kawaoka Y. 2000. Host-range barrier of influenza A viruses[J]. Veterinary Microbiology, 74(1-2):71-75.

Jackson D,Hossain M J,Hickman D,et al. 2008. A new influenza virus virulence determinant: the NS1 protein four C terminal residues modulate pathogenicity[J]. Proc Natl Acad Sci USA,105(11): 4381-4386.

Jia W, Cao C, Lin Y, et al. 2017. Detection of a novel highly pathogenic H7 influenza virus by duplex real-time reverse transcription polymerase chain reaction[J]. J Virol Methods, 246: 100-103.

Jiao P,Tian G,Li Y,et al. 2008. A single amino-acid substitution in the NS1 protein changes the pathogenicity of H5N1 avian influenza viruses in mice[J]. J Virol,82(3): 1146-1154.

Jie Z, Xie J, He Z, et al. 2013. Family outbreak of severe pneumonia induced by H7N9 infection[J]. American Journal of Respiratory and Critical Care Medicine, 188(1):114-115.

Jonges M, Welkers M R, Jeeninga R E, et al. 2014. Emergence of the virulence-associated PB2 E627K substitution in a fatal human case of highly pathogenic avian influenza virus A (H7N7) infection as determined by Illumina ultra-deep sequencing[J]. J Virol, 88(3):1694-1702.

Kageyama T, Fujisaki S, Takashita E, et al. 2013. Genetic analysis of novel avian A(H7N9) influenza viruses isolated from patients in China, February to April 2013[J]. Euro Surveill, 18(15):20453.

Kobayashi M, Toyoda T, Ishihama A. 1996. Influenza virus PB1 protein is the minimal and essential subunit of RNA polymerase[J]. Archives of Virology, 141(3-4):525-539.

Li Q, Zhou L, Zhou M, et al. 2013. Preliminary report:epidemiology of the avian influenza A (H7N9) outbreak in china[J] . N Engl J Med, 12(4):234-267.

Li S, Min J Y, Krug R M, et al. 2006. Binding of the influenza A virus NS1 protein to PKR mediates the inhibition of its activation by either PACT or double-stranded RNA. Virology, 349(1): 13-21.

Liu D, Shi W, Shi Y, et al. 2013. Origin and diversity of novel avian influenza A H7N9 viruses causing human infection: phylogenetic, structural, and coalescent analyses[J]. The Lancet, 381(9881):1926-1932.

Liu Q, Lu L, Sun Z, et al. 2013. Genomic signature and protein sequence analysis of a novel influenza A (H7N9) virus that causes an outbreak in humans in China[J]. Microbes and Infection, 15(6):432-439.

Mänz B, Dornfeld D, Götz V, et al. 2013. Pandemic influenza A viruses escape from restriction by human MxA through adaptive mutations in the nucleoprotein[J]. PLoS Pathog, 3: e1003279.

Matrosovich M N, Krauss S, Webster R G. 2001. H9N2 Influenza A viruses from poultry in Asia have human virus-like receptor specificity[J]. Virology, 281(2):156-162.

Matrosovich M, Zhou N, Kawaoka Y, et al. 1999. The surface glycoproteins of H5 influenza viruses isolated from humans, chickens, and wild aquatic birds have distinguishable properties[J]. Journal of Virology, 73(2):1146-1155.

Matsuoka Y, Swayne D E, Thomas C, et al. 2009. Neuraminidase stalk length and additional glycosylation of the hemagglutinin influence the virulence of influenza H5N1 viruses for mice [J]. Journal of Virology, 83(9):4704-4708.

Matzinger S R, Carrol T D, Dutra J C, et al. 2013. Myxovirus resistance gene A (MxA) expression suppresses influenza A virus replication in alpha interferon-treated primate cells[J]. J Virol, 87(2): 1150-1158.

Mckimm-Breschkin J L,Sahasrabudhe A,Blick T J, et al. 1998. Mutations in a conserved residue in the influenza virus neuraminidase active site decreases sensitivity to Neu5Ac2en-derived inhibitors[J]. J Virol, 72(3): 2456-2462.

Mikelsaar A V, Sunter A, Mikelsaar R, et al. 2012. Epitope of titin A-band-specific monoclonal antibody Tit1 5 H1. 1 is highly conserved in several Fn3 domains of the titin molecule.

Centriole staining in human, mouse and zebrafish cells[J]. Cell Div, 7(1):21.

Mok C K P,Lee H H Y,Chan M C W,et al. 2013. Pathogenicity of the novel A/H7N9 influenza virus in mice[J]. MBio,4(4):e00362-13.

Morens D M, Taubenberger J K, Fauci A S. 2013. H7N9 avian influenza A virus and the perpetual challenge of potential human pandemicity[J]. MBio. 4(4). pii:e00445-13.

Pantin-Jackwood M J,Miller P J,Spackman E,et al. 2014. Role of poultry in spread of novel H7N9 influenza virus in China[J]. J Virol,88(10):5381-5390.

Parry J. 2013. H7N9 virus is more transmissible and harder to detect than H5N1, say experts [J]. BMJ, 346:f2568.

Pauli E K, Schmolke M, Wolff T, et al. 2008. Influenza A virus inhibits type I IFN signaling via NF-kappaB-dependent induction of SOCS-3 expression[J]. PLoS Pathogens, 4(11): e1000196.

Prosser D J, Hungerford L L, Erwin R M, et al. 2013. Mapping avian influenza transmission risk at the interface of domestic poultry and wild birds[J]. Frontiers in Public Health, 1:28.

Qi X, Qian Y H, Bao C J, et al. 2013. Probable person to person transmission of novel avian influenza A (H7N9) virus in Eastern China, 2013: epidemiological investigation[J]. 347: f4752.

Shi J, Deng G, Liu P, et al. 2013. Isolation and characterization of H7N9 viruses from live poultry markets-Implication of the source of current H7N9 infection in humans. Chn Sci Bull,58: 1857-1863.

Shi Y, Zhang W, Wang F, et al. 2013. Structures and receptor binding of hemagglutinins from human-infecting H7N9 influenza viruses[J]. Science, 342(6155):243-247.

Shinya K, Ebina M, Yamada S, et al. 2006. Avian flu: Influenza virus receptors in the human airway[J]. Nature, 440(7083):435-436.

Sorrell E M, Song H, Pena L, et al. 2010. A 27-amino-acid deletion in the neuraminidase stalk supports replication of an avian H2N2 influenza A virus in the respiratory tract of chickens [J]. Journal of Virology, 84(22):11831-11840.

Srinivasan K, Raman R, Jayaraman A, et al. 2013. Quantitative description of glycan-receptor binding of influenza A virus H7 hemagglutinin[J]. PLoS One, 8(2):e49597.

Steel J, et al. , 2009. Transmission of influenza virus in a mammalian host is increased by PB2 amino acids 627K or 627E/701N. PLoS Pathog, 5(1): p. e1000252.

Suguitan A L, Matsuoka Y, Lau Y F, et al. 2012. The Multibasic cleavage site of the hemagglutinin of highly pathogenic a/Vietnam/1203/2004 (H5N1) avian influenza virus acts as a virulence factor in a host-specific manner in mammals[J]. Journal of Virology, 86(5):2706-2714.

Sun S S, Wang Q Z, Li Z. 2011. The effect and function of glycosylation for influenza virus [J]. Scientia Sinica Chimica, 41(3):424-432.

Tharakaraman K, Jayaraman A, Raman R, et al. 2013. Glycan receptor binding of the influenza A virus H7N9 hemagglutinin[J]. Cell,153(7):1486-1493.

To K K, Chan J F, Chen H, et al. 2013. The emergence of influenza A H7N9 in human being 16 years after influenza A H5N1: a tale of two cities[J]. Lancet Infect Dis, 13(9): 809-821.

Uyeki T M,Cox N J. 2013. Global concerns regarding novel influenza A(H7N9) virus infections[J]. N Engl J Med,PMID:23577629.

Wang W,Lu B,Zhou H,et al. 2010. Glycosylation at 158N of the hemagglutinin protein and receptor binding specificity synergistically affect the antigenicity and immunogenicity of a live attenuated H5N1 A/Vietnam/1203/2004vaccine virus in ferrets[J]. J Virol,84(13): 6570-6577.

Wang Z F, Zhang A L, Wan Y M, et al. 2014. Early hypercytokinemia is associated with interferon-induced transmembrane protein-3 dysfunction and predictive of fatal H7N9 infection [J]. Proc Natl Acad Sci USA, 111: 769-774.

WHO. Laboratory biosafety manual. 3rd Ed[DB/OL]. http://www. who. int/csr/resources/publications/biosafety/WHO CDS CSR LYO 2004 11/en/.

Xiong X,Coombs P J,Martin S R,et al. 2013. Receptor binding by a ferret-transmissible H5 avian influenza virus[J]. Nature, 497(7449): p. 392-396.

Xiong X, Martin S R, Haire L F, et al. 2013. Receptor binding by an H7N9 influenza virus from humans[J]. Nature, 499(7459):496-499.

Yang F, Wang J, Jiang L, et al. 2013. A fatal case caused by novel H7N9 avian influenza A virus in China[J]. Emerging Microbes & Infections, 2(4):e19.

Yang J R, Liu M T. 2017. Human infection caused by an avian influenza A (H7N9) virus with a polybasic cleavage site in Taiwan, 2017[J]. J Formos Med Assoc, 116(3):210-212.

Yang S, Chen Y, Cui D, et al. 2013. Avian-origin influenza A(H7N9) infection in influenza A (H7N9)-affected areas of China: A serological study[J]. Journal of Infectious Diseases, 209 (2):265-269.

Yu H, Cow B J, Feng L, et al. 2013. Human infection with avian influenza A H7N9 virus: an assessment of clinical severity[J]. Lancent, 382(9887):138-145.

Yu L, Wang Z, Chen Y, et al. 2013. Clinical, virological, and histopathological manifestations of fatal human infections by avian influenza A (H7N9) virus[J]. Clinical Infectious Diseases, t541.

Zhang F, Bi Y, Wang J, et al. 2017. Human infections with recently-emerging highly pathogenic H7N9 avian influenza virus in China[J]. J Infect, 75(1):71-75.

Zhang H, Li X, Guo J, et al. 2014. The PB2 E627K mutation contributes to the high polymerase activity and enhanced replication of H7N9 influenza virus[J]. Journal of General Virology, 95(4):779-786.

Zhang Q, Shi J, Deng G, et al. 2013. H7N9 influenza viruses are transmissible in ferrets by respiratory droplet [J]. Science, 341(6144):410-414.

Zhang Q M J, Miller P J, Spackman E, et al. 2014. Role of poultry in the spread of novel H7N9 influenza virus in China[J]. Journal of Virology, 88(10):5381-5390.

Zhou J, Wang D, Gao R, et al. 2013. Biological features of novel avian influenza A (H7N9) virus[J]. Nature, 499(7459):500-503.

Zhu H, Lam T T, Smith D K, et al. 2016. Emergence and development of H7N9 influenza viruses in China [J]. Curr Opin Virol, 16:106-113.

Zhu H, Wang D, Kelvin D, et al. 2013. Infectivity, transmission, and pathology of human H7N9 influenza in ferrets and pigs[J]. Science, 341(6142):183-186.

Zhu W, Zhou J, Li Z, et al. 2017. Biological characterisation of the emerged highly pathogenic avian influenza (HPAI) A(H7N9) viruses in humans, in mainland China, 2016 to 2017[J]. Euro Surveill, 22(19).

Zhu Y, Qi X, Cui L, et al. 2013. Human co-infection with novel avian influenza A H7N9 and influenza A H3N2 viruses in Jiangsu province, China [J]. Lancet, 381(9883):2134.

第二章　H7N9 流感的流行病学

23．H7N9 流感最早是怎么发现的?

H7 亚型禽流感最先的报道是 1902 年的高致病性 H7N7 亚型禽流感病毒(A/chicken/Brescia/1902(H7N7))感染,曾被认为是“鸡瘟”(朱闻斐等,2013)。近年来,全球范围内家禽中 H7 亚型禽流感已导致超过 7 000 万家禽死亡,不仅波及美国、加拿大、智利等美洲国家,也波及巴基斯坦、德国、荷兰等亚欧国家,涉及 H7N1、H7N2、H7N3、H7N4、H7N7、H7N8、H7N9 等多种亚型(朱闻斐等,2013)。1959 年,美国第一次报道了人感染 H7N7 亚型禽流感,在一名男性肝炎患者的血液中分离到了 H7N7 病毒。1996 年,又从美国一名患结膜炎的女性体内分离到禽源的 H7N7 病毒。2003 年以前,人感染 H7 亚型禽流感的报道较少,且一般为实验室感染。2013 年以前在人群中最大规模的暴发是在 2003 年的荷兰,该次 H7N7 亚型禽流感疫情共造成 80 余人感染,还导致了3 000 多万家禽的死亡(Fouchier R A et al.,2004;Adams S et al.,2010)。H7N9 是甲型流感病毒的一个亚型,2003 年捷克曾出现过 H7N9 流感感染禽类的病例,荷兰、日本及美国等也分离到 H7N9 病毒株。但在 2013 年以前,H7N9 仅感染禽类,未发现感染人的报道(董晓毅等,2013;江丽芳,2013)。

2013 年 3 月,我国上海和安徽两地首先发现 3 例人感染新型重配 H7N9 亚型流感病毒的病例。随后,国内外科学家研究发现:中国发现的 H7N9 病毒是一种多宿主多次重配的新型病毒。它是由欧亚起源的禽流感病毒提供的

HA 和 NA 基因和野禽携带的 H9N2 病毒提供的内部基因进行重组产生一个原始的 H7N9 流感病毒，随后这些祖代病毒由候鸟通过迁徙活动传播给家养水禽（主要是鸭子），在鸭子体内完成几次基因交换后，进一步扩散传播到陆生家禽（鸡、鹌鹑、鸽子等），直到它与原来在华东地区家禽中流行的 H9N2 病毒发生了重组，获得了感染人的能力，其中活禽市场在基因进化中扮演了重要角色（Cui L et al.，2014）。据推算，H7N9 病毒的上述起源进化过程可能在 2008—2012 年已经完成（Chen Y et al.，2015）。其中，H7N9 病毒编码定位于囊膜内蛋白的 6 个基因节段（PB2、PB1、PA、NP、M 和 NS）全部来源于多年来流行于中国家禽中的 H9N2 病毒（祁贤等，2014）。新型 H7N9 病毒继承了母源病毒 H9N2 病毒变异迅速、基因复杂的特点，通过不断的基因重配方式获得了感染人的能力（Lam T T et al.，2014）。

24. H7N9 流感属于高致病性禽流感吗？

高致病性禽流感（highly pathogenic avian influenza，HPAI）是由正黏病毒科甲型流感病毒属引起的以禽类为主的烈性传染病。世界动物卫生组织（OIE）将其列为必须报告的动物传染病，我国将其列为一类动物疫病。2016 年之前，H7N9 流感不属于高致病性禽流感，中华人民共和国农业部第 1950 号公告将其列为二类动物疫病进行管理；2017 年之后，出现了高致病性 H7N9 流感毒株，因此由高致病性 H7N9 流感病毒引起的家禽发病属于高致病性禽流感。

25. H7N9 流感在国内外的流行情况如何？

H7N9 是甲型流感病毒的一个亚型，2003 年捷克曾出现过 H7N9 流感感染禽类的病例，荷兰、日本及美国等也分离到 H7N9 病毒株。但在 2013 年以前，H7N9 仅感染禽类，未发现感染人的报道（谭伟等，2015；To K K et al.，2013；江丽芳，2013）。到目前为止我国在除人以外的哺乳动物未检测到

H7N9 流感病毒，仅在鸡、鸭和鸽子中检测到 H7N9 流感病毒，根据农业部网站疫情通报规模化的禽类养殖场中也能检测到 H7N9 流感病毒。目前为止，我国未有在野禽中检测到 H7N9 流感病毒的报道，但研究人员曾在蒙古、韩国、日本、瑞典、荷兰、加拿大及美国等地的野禽或家禽中监测到 H7N9 流感病毒（To K K et al.，2013；江丽芳，2013）。2013 年 3 月，我国上海和安徽两地首先发现 3 例人感染新型重配 H7N9 亚型流感病毒的病例，随后在江苏、浙江、福建、广东、山东、河南等地陆续出现 H7N9 感染患者。2013 年 4 月，从我国江苏回台湾的一位男性发现感染了 H7N9 流感病毒，这是我国台湾地区首次发现的 H7N9 流感病毒感染人的病例（Chang S Y et al.，2013）。2013 年至今共经历了 5 波疫情，据 WHO（World Health Organization）统计，截至 2017 年 9 月 5 日，全球已确诊 H7N9 感染病例 1 589 例，病例主要集中在中国大陆，另外中国台湾、香港、澳门地区，以及马来西亚和加拿大均出现了输入性病例（病例时间分布情况见图 1）。

26. 我国动物感染 H7N9 流感有什么流行特点？

H7N9 流感病毒最早可能是来源于野禽（包括野鸭及迁移性候鸟等），而鸭和鸡有可能是 H7N9 流感病毒的中间宿主。通过野禽—家鸭—鸡这种传播途径有可能产生 H7N9 流感病毒并在鸡群中蔓延流行。猪被认为是人流感病毒和禽流感病毒在自然界中的一个天然混合器，但目前人们仅从猪体内分离出了 H1N1、H1N2、H1N7、H3N2、H3N6、H3N8、H4N6、H5N1 及 H9N2 亚型的流感病毒，而未能在猪体内分离到 H7N9，在人以外的其他哺乳动物中也仍未检测到 H7N9。由于迄今我国仅在鸡、鸭和鸽子中检测到 H7N9 流感病毒，因此推测活禽市场中带活毒的禽类是可能的传染源之一（谭伟等，2015）。

H7N9 流感传播特点：养殖场、野禽、批发市场、零售市场构成的 H7N9 流感传播的生态系统中，活禽交易市场是关键控制点，其是病毒贮存、繁衍和新亚型病毒重组装配的主要场所，批发市场与零售市场可以起病原逐级放大的作用。H7N9 流感传播、循环的生态模式见图 2（卢受昇，2016）。

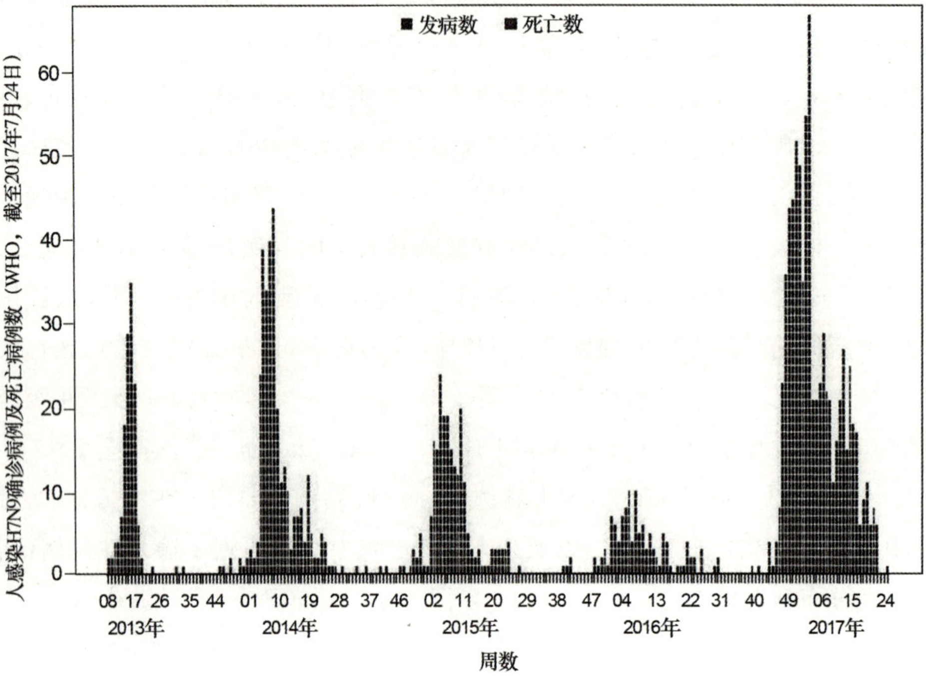

图 1　WHO 公布的人感染 H7N9 流感病例

(扫描二维码,看此图彩色版)

27. 动物感染 H7N9 流感临床症状如何?

H7N9 流感病毒对禽类来说是低致病性的,属于隐性带毒不发病不死亡,临床上无明显可见症状,但 2017 年起出现了 H7N9 变异株,变异株表现出对禽的高致病性,可以引起禽类的发病死亡。这意味着 H7N9 流感病毒在禽类中的传播是潜在的,给 H7N9 流感的防控增加了许多困难。陈霆等(2014)通过建立 H7N9 流感病毒小鼠模型,发现 H7N9 病毒能有效感染小鼠并引起病变。感染 H7N9 流感病毒[病毒株为 H7N9 (A/Anhui/1/2013)]的小鼠 2 天后体重显著减轻,出现竖毛症状,肺部出现严重的病理变化。感染 1 天就出现间质性肺血管扩张的症状,3 天后出现融合性的间质性肺炎,支气管和肺泡上

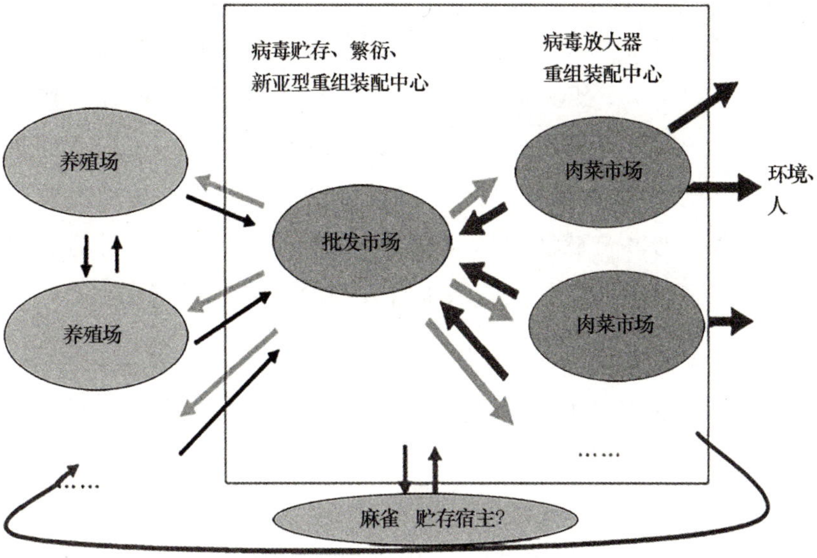

图 2 H7N9 流感传播、循环生态模式图

（扫描二维码，看此图彩色版）

注：箭头代表传播方向，黄色箭头代表由批发市场传出，红色箭头代表由肉菜市场传出，黑色箭头代表由养殖场传出，棕色箭头代表混合或未知路径。

皮细胞坏死，充血，炎性细胞浸润及纤维蛋白渗出等症状。邓魏等(2014)通过建立雪貂感染 H7N9 流感病毒(A/Anhui/1/2013，来自第 3 例确诊的 H7N9 患者)动物模型，观察动物临床症状和体征，结果发现，雪貂感染后出现体重下降、活动减少以及打喷嚏的临床表现；组织病理学显示雪貂肺脏呈局灶性间质性肺炎及肺泡炎的改变，CT 显示肺内片状阴影。

28. 如何监测动物的 H7N9 流感？

在动物 H7N9 流感病毒的监测工作上，农业部先后颁布的关于 H7N9 流感病毒防控工作的文件通知有：《农业部关于印发〈动物 H7N9 禽流感紧急监测方案〉和〈动物 H7N9 禽流感应急处置指南(试行)〉的通知》(农医发〔2013〕

13 号)；《农业部办公厅关于做好 H7N9 流感防控工作相关事宜的通知》(农办医〔2013〕31 号)；《农业部关于印发〈全国家禽 H7N9 流感剔除计划〉的通知》(农医发〔2004〕22 号)；《农业部办公厅关于切实加强 H7N9 防控工作的紧急通知》(农办医〔2017〕2 号)等。国家卫计委于 2017 年 8 月发布了《关于进一步加强活禽经营市场管理的通知》(国卫应急发〔2017〕44 号)，随后农业部也制定了《全国家禽 H7N9 流感防治指导意见(2017—2020 年)》。目前监测家禽 H7N9 流感按照 2017 年 4 月 14 日农业部发布的第 2516 号公告执行：

一、家禽养殖场(户)应当按照《中华人民共和国动物防疫法》和农业部的有关规定做好家禽 H7N9 流感检测、剔除等工作，确保家禽和家禽产品的卫生安全。

二、跨省调运活禽的家禽养殖场(户)应主动做好家禽 H7N9 流感送样检测工作。在家禽出栏前 21 天内，按规定委托执业兽医或乡村兽医平行采集家禽血清学样品和病原学样品(雏禽应采集种蛋来源种禽的血清学样品和病原学样品)，并于采样后 48 小时内送当地县级以上动物疫病预防控制机构实验室或具备 H7N9 流感检测资质的实验室。采样应覆盖所有待出栏或雏禽种蛋生产的禽舍，每次采样数量不得低于 30 羽，同时应做好记录备查。

三、县级以上动物疫病预防控制机构实验室或具备 H7N9 流感检测资质的实验室接到样品后应及时开展血清学检测，并出具检测报告。

四、跨省调运活禽的，家禽养殖场(户)凭检测报告申报产地检疫。动物卫生监督机构受理检疫时，要严格查验检测报告，对无检测报告、检测报告中 H7N9 流感血清学检测结果呈阳性或检测报告签发日期超过采样日期 21 天的，不得出具动物检疫合格证明。

五、检出 H7N9 流感血清学阳性的，送样单位(个人)和检测单位应立即向当地兽医主管部门报告，相关养殖场(户)要立即采取有效措施，隔离阳性禽群，不得擅自出售或转移场所。兽医主管部门接到报告后，要及时组织对血清学阳性样品所对应的病原学样品进行检测，并开展流行病学调查和后续处置等工作。

六、经国家参考实验室或省级动物疫病预防控制机构检测为 H7N9 流感病原学阳性的，应对病原学阳性禽群进行扑杀和无害化处理；确诊为 H7N9 变异毒株或有高致病性症状的，应对病原学阳性禽场的所有禽只进行扑杀和无害化处理。同时，当地兽医主管部门应对有流行病学关联的禽群和阳性场点周边家禽养殖场(户)开展风险评估，根据实际情况确定扑杀范围。对血清学阳性但病原学阴性的禽群，应实施就近屠宰或扑杀处理，活禽不得上市流通和继续饲养。省级动物疫病预防控制机构要及时将 H7N9 流感病原学阳性样品送国家禽流感参考实验室。

七、各地兽医主管部门要组织制定样品采集送检有关要求，强化采样送检工作的培训指导和监督检查，规范样品采集和记录等工作。要依据当地工作实际，建立进场抽样监督核查制度，确保送检样品的真实性和代表性。家禽养殖场(户)不得拒绝或阻碍兽医主管部门组织的监督核查和样品采集工作。

八、各级兽医主管部门要加强疫苗生产、销售和使用的监督管理，对非法制售、使用疫苗的，一律依法从重处罚；各级动物卫生监督机构要强化执法力度，对违法出售、运输家禽的，依法严厉查处。

九、省内调运活禽以及蛋禽等饲养周期长的家禽的检测规定，由各省(自治区、直辖市)兽医主管部门结合本地区实际参照本公告制定。

监测采取的检测方法：

①血清学检测

采用血凝抑制(HI)试验，检测血清中 H7 亚型禽流感病毒血凝素抗体。具体操作参照《高致病性禽流感诊断技术》(GB/T 18936—2003)中 HI 试验进行，HI 价大于或等于 $4\log_2$ 为阳性。

②病原学检测

采用农业部推荐的 RT-PCR 或荧光 RT-PCR 检测方法，检测咽喉和泄殖腔拭子样品 H7 亚型禽流感病毒 HA 基因片段。

29．H7N9 流感监测过程中应如何采集和运送样品？

动物 H7N9 流感监测过程中样品采集和运送技术操作如下：

(一)采样前的准备

根据采样目的，采集不同类型和不同数量的样品。采样人员必须是兽医技术人员，熟悉采样器具的使用，掌握正确的采样方法。

器具和试剂：动物检疫器械箱，保温箱或保温瓶，解剖刀，剪刀，镊子，酒精灯，酒精棉，碘酒棉，注射器及针头。样品容器（如西林瓶，平皿，1.5 mL 塑料离心管，10 mL 玻璃离心管及易封口样品袋，塑料包装袋等）。试管架，塑料盒（1.5 mL 小塑料离心管专用），铝饭盒，瓶塞，无菌棉拭子，胶布，封口膜，封条，冰袋。采样刀剪等器具和样品容器须经无菌处理。加有抗生素的 pH 7.4 等渗磷酸盐缓冲液(PBS)。

记录和防护材料：不干胶标签、签字笔、圆珠笔、记号笔、采样单、记录本等；口罩、一次性手套、乳胶手套、防护服、防护帽、胶靴等。

(二)样品采集

应从死禽和处于急性发病期的病禽采集样品，样品要具有典型性。采样过程要注意无菌操作，同时避免污染环境。采样人员要按 NY/T 768 要求加强个人防护。

病死禽病料采集，应采集组织样品：取死亡不久的 5 只病死禽采样，病死禽数不足 5 只时，取发病禽补齐 5 只。每只禽采集肠管及肠内容物 1 份；肺和气管样品 1 份；肝、脾、肾、脑等各 1 份并分别采集。上述每个样品取样重量为 15～20 g，放于样品袋或平皿中，如果重量不够可取全部脏器（如脾脏）。不同禽只脏器不能混样，同一禽只不同脏器不应混样。样品采集完后将样品封口，贴好标签。

拭子样品：取 5 只病禽采样，每只采集泄殖腔拭子和喉气管拭子各 1 个，将样品端剪下分别置于含有抗生素 PBS（加 1.0～1.3 mL PBS）的小塑料离心管中，封好口，贴好标签。

泄殖腔拭子采集方法：将棉拭子插入泄殖腔 1.5～2 cm，旋转后沾上粪便。

粪便样品：小珍禽采泄殖腔拭子容易造成伤害，可只采集 5 个新鲜粪便样品（每个样品 1～2 g），置于内含有抗生素 PBS（加 1～1.5 mL PBS）的西林瓶中，封好口，贴好标签。保存粪便和泄殖腔拭子的 PBS 中抗生素浓度提高 5 倍（配制方法见附录 A 和附录 B）。

喉气管拭子采集方法：将棉拭子插入口腔至咽的后部直达喉气管，轻轻擦拭并慢慢旋转，沾上气管分泌物。保存喉气管拭子的 PBS 中应加入适当浓度的抗生素（配制方法见附录 A 和附录 B）。

血清样品：采集 10 只病禽的血样，心脏或翅静脉采血，每只病禽采血样 2～3 mL，盛于西林瓶中或 10 mL 离心管中，经离心或自然放置析出血清后，将血清移到另外的西林瓶或小塑料离心管中，盖紧瓶塞，封好口，贴好标签。不同禽只的血样不能混合。

整禽采样：适于禽主或兽医部门采样。将病死禽或病禽装入塑料袋内，至少用两层塑料袋包装，同时和血清样品一起用保温箱加冰袋密封包装，由采样人员 12 h 内带回或送到实验室。要求死禽和病禽总数不少于 5 只。

采样单及标签等的填写：采样单应用钢笔或签字笔逐项填写（一式三份），样品标签和封条应用圆珠笔填写，保温容器外封条应用钢笔或签字笔填写，小塑料离心管上可用记号笔作标记。应将采样单和病史资料装在塑料包装袋中，随样品一起送到实验室。

包装要求：每个组织样品应仔细分别包装，在样品袋或平皿外面贴上标签，标签注明样品名、样品编号、采样日期等。再将各个样品放到塑料包装袋中。拭子样品小塑料离心管应放在特定的塑料盒内。血清样品装于西林瓶时应用铝盒盛放，盒内加填塞物避免小瓶晃动，若装于小塑料离心管中，则应置于塑料盒内。包装袋外、塑料盒及铝盒应贴封条，封条上应有采样人签章，并注明贴封日期，标注放置方向，切勿倒置。

（三）保存和运输

样品应置于保温容器中运输，保温容器应密封，防止渗漏。一般使用保温箱或保温瓶，保温容器外贴封条，封条有贴封人（单位）签字（盖章），并注明贴封日期。样品应在特定的温度下运输，拭子样品和组织样品应作暂时的冷藏或冷冻处理，然后立即运送实验室。若能在 4 h 内送到实验室，可用冰袋冷藏运输。如果超过 4 h，应作冷冻处理，先将样品置于－30℃冻结，然后再在保温箱内加冰袋运输，经冻结的样品必须在 24 h 内送到。若 24 h 不能送到实验室，则运输过程中环境温度应保持在－20℃以下。血清样品要单独存放。若 24 h 内运达实验室，在保温箱内加冰袋冷藏运输；若超过 24 h，要先冷冻后，在保温箱内加大量冰袋运输，途中不能超过 48 h。各种样品到达实验室后，若暂时不进行处理，则应冷冻（以－70℃或以下为宜）保存，不应反复冻融。

附录 A：pH 7.4 的等渗磷酸盐缓冲液（PBS）的配制

将下列试剂按次序加入定量容器中，加适量蒸馏水溶解后，再定容到 1 000 mL，调 pH 至 7.4，高压消毒灭菌 112 kPa 20 mim，冷却后，保存于 4℃冰箱中备用。

NaCl	8.0 g
KH_2PO_4	0.2 g
$Na_2HPO_4 \cdot 12H_2O$	2.9 g
KCl	0.2 g

附录 B：棉拭子用抗生素 PBS（病毒保存液）的配制

取上述 PBS 液，按要求加入下列抗生素：喉气管拭子用 PBS 液中加入青霉素（2 000 IU/mL）、链霉素（2 mg/mL）、丁胺卡那霉素（1 000 IU/mL）、制霉菌素（1 000 IU/mL）。粪便和泄殖腔拭子所用的 PBS 中抗生素浓度应提高 5 倍。加入抗生素后应调 pH 至 7.4。在采样前分装小塑料离心管，每管中加这种 PBS 1.0～1.3 mL。采粪便时，在西林瓶中加 PBS 1～1.5 mL，采样前冷冻保存。

30. 如何确认 H7N9 流感疫情？

按照农业部《动物 H7N9 禽流感应急处置指南（试行）》要求，确认和处置 H7N9 病毒感染阳性。《动物 H7N9 禽流感应急处置指南（试行）》内容如下：

(一)适用范围

本指南规定了动物 H7N9 流感的阳性确认、处置、紧急流行病学调查和人员防护。

(二)阳性确认

H7 亚型反转录-聚合酶链反应(RT-PCR)或荧光反转录-聚合酶链反应(荧光 RT-PCR)检测结果阳性的,为 H7 亚型禽流感病毒感染阳性。

省级动物疫病预防控制机构诊断为 H7 亚型禽流感病毒感染疑似阳性的,送国家禽流感参考实验室对结果进行复核。国家禽流感参考实验室开展复核和其他相关工作后,进行确诊。农业部根据最终确诊结果,确认 H7 亚型禽流感病毒感染阳性。

(三)阳性处置

感染群指阳性样品被采动物所在的动物群体,包括以下三种类型,一是养殖场的同栋动物,二是活禽交易市场的同场禽类,三是农村散养的同户禽类。

经省级动物疫病预防控制机构诊断为 H7 亚型禽流感病毒疑似阳性的,限制感染群所在场(村)的所有动物移动。

经农业部确认为 H7 亚型禽流感病毒感染阳性的,对感染群的所有动物进行扑杀,对扑杀动物及其产品进行无害化处理,对感染群所在场(村)的内外环境实施严格的消毒措施,对污染物或可疑污染物进行无害化处理,对污染的场所和设施进行彻底消毒。感染群在交易市场或屠宰场的,应立即关闭该交易市场或屠宰场。经省级兽医主管部门与有关部门共同分析评估合格后,方可开放交易市场或屠宰场。

同场(村)中感染群以外的其他动物,在感染群处置后再次进行监测,直至监测无感染阳性后才允许移动。

(四)紧急流行病学调查

对 H7 亚型禽流感病毒感染阳性的,参照《高致病性禽流感流行病学调查技术规范》,进行紧急流行病学调查和病原学研究。

31. 发生 H7N9 流感后该如何进行流行病学调查？

为进一步加强动物 H7N9 流感防控工作，全面强化疫情排查和病毒监测，及时处置突发情况，农业部组织制定了《动物 H7N9 禽流感紧急监测方案》和《动物 H7N9 禽流感应急处置指南（试行）》，并于 2013 年 4 月 7 日，以农医发〔2013〕13 号文件形式下发有关单位。其中《动物 H7N9 禽流感应急处置指南（试行）》规定对 H7 亚型禽流感病毒感染阳性的，参照《高致病性禽流感流行病学调查技术规范》进行紧急流行病学调查。

《高致病性禽流感流行病学调查技术规范》规定了发生高致病性禽流感疫情后开展流行病学调查的技术要求，适用于高致病性禽流感暴发后的最初调查、现地调查和跟踪调查。下面分别介绍最初调查、现地调查和跟踪调查。

（一）最初调查

最初调查的定义：兽医技术人员在接到养禽场/户怀疑发生高致病性禽流感的报告后，对所报告的养禽场/户进行的实地考察以及对其发病情况的初步核实。

调查目的：核实疫情，提出对疫情的初步控制措施，为后续疫情确诊和现地调查提供依据。

组织与要求：动物防疫监督机构接到养禽场/户怀疑发病的报告后，立即指派 2 名以上兽医技术人员，备有必要的器械、用品和采样用的容器，在 24 h 内尽快赶赴现场，核实发病情况。被派兽医技术人员至少 3 天内没有接触过高致病性禽流感病禽及其污染物，按 NY/T 768—2004《高致病性禽流感人员防护技术规范》做好个人防护。

调查内容：调查发病禽场的基本状况、病史、症状以及环境状况四个方面，完成最初调查表。认真检查发病禽群状况，根据 NY 764—2004《高致病性禽流感疫情判定及扑灭技术规范》做出是否发生高致病性禽流感的初步判断。在不能排除高致病性禽流感的情况下，调查人员立即报告当地动物防疫监督机构，并建议提请省级/国家级动物流行病学专家前来做进一步诊断，并准备配合做好后续采样、诊断和疫情扑灭措施。实施对疫点的初步控制措施，严禁从养禽场/户运出家禽、家禽产品和可疑污染物品，并限制人员流动。画图标出可疑发病禽场/户周围10 km 以内分布的养禽场、道路、河流、山岭、树林、人工屏障等，连同最初调查表一同报告当地动物防疫监督机构。

(二)现地调查

现地调查的定义：兽医技术人员或省级、国家级动物流行病学专家对所报告的高致病性禽流感发病场/户的场区状况、传染来源、发病禽品种与日龄、发病时间与病程、发病率与病死率以及发病禽舍分布等所做的现场调查。

调查目的：在最初调查无法排除高致病性禽流感的情况下，对报告养禽场/户做进一步的诊断和调查，分析可能的传染来源、传播方式、传播途径以及影响疫情控制和扑灭的环境和生态因素，为控制和扑灭疫情提供技术依据。

组织与要求：省级动物防疫监督机构接到怀疑发病报告后，必须立即派遣流行病学专家配备必要的器械和用品于 24 h 内赴现场，做进一步诊断和调查。

调查内容：在地方动物防疫监督机构技术人员初步调查的基础上对发病养禽场/户的发病情况，周边地理地貌，野生动物分布，近期家禽、产品和人员流动情况等开展进一步的调查；分析传染来源、传播途径以及影响疫情控制和扑灭的环境和生态因素。尽快完成流行病学现地调查表，并提交给省和地方动物防疫监督机构。与地方动物防疫监督机构密切配合，完成病料样品的采集、包装及运输等诊断事宜。对暴发的疫情做出高致病性禽流感的诊断后，协助并参与地方政府和地方动物防疫监督机构扑灭疫情。

(三)跟踪调查

跟踪调查的定义：在高致病性禽流感暴发及扑灭前后，对疫点的可疑带毒人员、病死禽及其产品和传播媒介的扩散趋势、自然宿主发病和带毒情况的调查。

调查目的：追踪疫点传染源和传播媒介的扩散趋势、自然宿主的发病和带毒情况，为可能出现的公共卫生危害提供预警预报。

组织与要求：当地流行病学调查人员在省级或国家级动物流行病学专家指导下对有关人员、可疑感染家禽、可疑污染物品和带毒宿主进行追踪调查。

调查内容：追踪出入发病养禽场/户的有关工作人员和所有家禽、禽产品及有关物品的流动情况，并对其做适当的隔离观察和控制措施，严防疫情扩散。对疫点、疫区的家禽、水禽、猪、留鸟、候鸟等重要疫源宿主进行发病情况调查,追踪病毒变异情况。完成跟踪调查表,并提交本次暴发疫情的流行病学调查报告。

32. 如何进行动物 H7N9 流感疫情报告?

任何单位和个人发现禽类发病急、传播迅速、死亡率高等异常情况,应及时向当地动物防疫监督机构报告。

当地动物防疫监督机构在接到疫情报告或了解可疑疫情情况后,应立即派员到现场进行初步调查核实并采集样品,符合流行病学特点和临床症状第一点且至少符合以下其他临床指标或病理指标之一的、非免疫禽符合流行病学特点和临床症状第一点且符合血清学指标之一的,确认为临床怀疑疫情:

(一)流行病学特点

鸡、火鸡、鸭、鹅、鹌鹑、雉鸡、鹧鸪、鸵鸟、孔雀等多种禽类易感,多种野禽也可感染发病。

传染源主要为病禽(野禽)和带毒禽(野禽)。病毒可长期在污染的粪便、水等环境中存活。

病毒传播主要通过接触感染禽及其分泌物和排泄物,接触污染的饲料、水、蛋托(箱)、垫草,种蛋、鸡胚和精液等媒介,也可通过气源性媒介传播。

(二)临床症状

急性发病死亡或不明原因死亡,潜伏期从几小时到数天,最长可达 21 天;脚鳞出血;鸡冠出血或发绀,头部或面部水肿;鸭、鹅等水禽可见神经症状和腹泻症状,有时可见角膜炎症,甚至失明;产蛋突然下降。

(三)病理变化

消化道、呼吸道黏膜广泛充血、出血;腺胃黏液增多,可见腺胃乳头出血,腺胃和肌胃交界处黏膜可见带状出血;心冠及腹部脂肪出血;输卵管的中部可见乳白色分泌物或凝块;卵泡充血、出血、萎缩、破裂,有的可见卵黄性腹膜炎;脑部出现坏死灶、血管周围淋巴细胞管套、神经胶质灶、血管增生等病变;胰腺和心肌组织局灶性坏死。

(四)血清学指标

未免疫禽的血凝抑制(HI)效价达到 $4\log_2$ 及以上;禽流感琼脂凝胶免疫扩散(AGID)试验阳性。

确认为临床怀疑疫情的,应在 2 h 内将情况逐级上报到省级动物防疫监督机构和同级兽医行政管理部门,并立即将样品送省级动物防疫监督机构进行疑似诊断;省级动物防疫监督机构确认为疑似疫情的,必须派专人将病料送国家禽流感参考实验室做病毒分离鉴定,进行最终确诊;经确认后,应立即上报同级人民政府和国务院兽医行政管理部门,国务院兽医行政管理部门应当在 4 h 内向国务院报告;国务院兽医行政管理部门根据最终确诊结果,确认 H7N9 流感疫情。

33. H7N9 流感对家禽和家禽业有何危害?

(一)对家禽的危害

与以往禽流感发生时病禽(鸡)7～10 天病死率可达 90%以上不同,在高致病性 H7N9 出现之前,H7N9 流感病毒在禽类身上呈现弱毒性,感染 H7N9 流感病毒的禽(鸡)不发病,仅携带病毒。

韩国忠南国立大学 Ku 等(2014)的研究显示,人源 H7N9 亚型流感病毒(A/Anhui/1/2013)在鸡体内的复制能力很弱,不能通过感染鸡有效传播给健康鸡。H7N9 亚型流感病毒还不能完全适应家禽和人,还没有出现最适基因型,仍然处于快速进化过程中。

美国农业研究服务署 Pantin-Jackwood 等(2014)对鸡、日本鹌鹑、鸽、北京鸭、番鸭、埃姆登鹅鼻内接种 10^6 EID_{50} 人源 H7N9 亚型流感病毒(A/Anhui/1/2013)并未出现临床感染症状。日本鹌鹑和鸡的排毒量和排毒时间远高于其他试验禽类。日本鹌鹑可通过直接接触传播病毒,但鸽和北京鸭无法建立这种传播途径。所有禽类中,病毒量最高的检测拭子来自于口咽和泄殖腔。鹌鹑对多个亚型的人源和禽源流感病毒敏感,使之成为野生水禽和鸡之间跨种传播的媒介或疾病放大器。在该研究中证实鹌鹑对低剂量的 H7N9 亚型流感病毒也很敏感，病毒可在不到一周时间内在上呼吸道大量繁殖，并且通过同笼个体的直接接触进行传播。鹌鹑尽管在家禽养殖中所占比例较小，但很可能成为 H7N9 亚型流感病毒向其他禽类和人传播的主要贮存库。

鸽对 H7N9 亚型流感病毒感染具有抵抗力。先前的研究也显示很少从鸽分离到禽流感病毒，GenBank 登录的鸽源禽流感病毒序列并没有 H7 亚型病毒。研究显示鸽不可能在维持和传播 H7N9 亚型流感病毒方面具有重要的作用。即使有研究报道能从鸽分离病毒，也可能是在活禽市场与携带高滴度病毒的鸡或其他禽类接触所致。

北京鸭、番鸭及埃姆登鹅是中国活禽交易市场常见的水禽。与鹌鹑和鸡相比，这 3 种水禽都能被高剂量的病毒感染，但不会出现任何可见的临床症状，排毒时间持续较短且剂量较低。北京鸭存在接触感染，但接触感染鸭很少排毒且持续时间很短。这 3 种水禽中，番鸭排毒量最大。番鸭在作为 H7N9 亚型流感病毒的生物载体方面比北京鸭和埃姆登鹅更加重要。

由于野禽和家养鸣禽会与人和家禽接触，美国圣犹大儿童研究医院 Jones 等(2014)调查了野禽和家养鸣禽对人源 H7N9 亚型流感病毒(A/Anhui/1/2013)的敏感性和传播性。研究显示，病毒可以在雀、麻雀、长尾小鹦鹉体内复制，通过口咽途径排出高滴度病毒，并且很少表现临床症状。部分接触污染病毒的水槽的动物尽管不排毒但出现血清转化。鸣禽和长尾小鹦鹉能够复制 H7N9 亚型流感病毒并向环境排毒。基于这些鸟类会频繁地与野禽、家禽和人接触，其有可能成为促进新型病毒传播的中间宿主。

2017 年 1 月，农业部门在活禽交易市场中发现了具有高致病性分子特征的 H7N9 病毒，截至 2017 年 9 月 1 日，我国已公布了 9 起高致病性 H7N9 疫情，8 起发生于蛋鸡，1 起发生于肉鸡。我国高致病性 H7N9 疫情已呈现全国散发流行的状态。

(二)对家禽业的危害

2013 年 3 月 31 日国家卫生和计划生育委员会首次通报人感染 H7N9 亚型流感病例后，受人感染 H7N9 亚型流感病毒疫情影响，尤其是将 H7N9 病毒感染称为“H7N9 流感”，直接误导了消费者：全民谈“禽”色变，公众消费家禽产品的信心严重受挫，加之部分地区采取关闭活禽交易市场、限制交易与禁止活禽跨省流通等措施，家禽业遭受重大冲击。全国范围内的禽产品销量锐减、价格暴跌、生产过剩、流通受限，行业损失惨重，甚至出现忍痛销毁禽苗现象，养殖企业和规模场户损失巨大。据中国畜牧业协会估算，在曝出人感染 H7N9 流感后不到半年时间，全国家禽产业已经损失超过 400 亿元，平均每天损失约 10 亿元。截至 2014 年底，H7N9 流感事件以来已造成我国家禽业损失高达 1 000 亿元以上，行业几乎面临“灭顶之灾”(徐成刚等，2015)。

据广东温氏南方家禽育种有限公司陈永华总经理于 2013 年 5 月 12 日在江苏扬州举办的“后 H7N9 时代家禽业发展论坛暨《中国家禽》、《中国禽业导刊》编委代表大会”上透露：作为国内最大的黄鸡生产企业，受 2013 年 3 月底发生人感染 H7N9 流感事件的影响，温氏集团每天的直接经济损失高达 3 000 万元，每天 300 万只鸡上市，以前为 12 元/kg，现在仅为 4 元/kg。江苏京海集团董事长顾云飞在描述行业遭受损失时接连痛心地用了“十分惨重，史无前例，度日如年”三个词，他说，由于活禽市场关闭、家禽市场流通中断，企业损失已超过 1 亿元，此外，由于担心感染 H7N9 流感病毒，养殖场一线饲养员流失严重。

家禽业遭受严重冲击的主要表现为：①消费信心受阻，禽类产品价格和销量持续低迷。②生产信心受挫，家禽生产量大大下降。③对我国本土品种黄羽肉鸡打击尤为严重。根据以往经验，疫情对家禽生产及消费的影响一般会持续到疫情控制后的半年左右。但高致病性 H7N9 疫情的出现，又为我国家禽业的发展带来更大的挑战，未来既要面对高致病性 H7N9 的直接威胁，又要面临家禽产业转型带来的阵痛。

34. 什么东西可能携带 H7N9 流感病毒？

H7N9 流感病毒存在于病禽和感染禽的消化道、呼吸道和脏器组织中，因此，病毒可随眼、鼻、口腔分泌物和排泄物排出体外。被禽类的分泌物、粪便、死禽尸体污染的任何物体，如饲料、饮水、垫料、笼具、运输车辆、昆虫以及各种携带病毒的鸟类等均可能存在病毒。如果野生鸟类携带 H7N9 流感病毒，被其排泄物污染的物品可能带有病毒。中国的河流、湖泊和湿地旁广泛分布着许多家禽饲养场，家禽与候鸟接触机会增多，候鸟会把流感病毒带给当地的家养水禽，并在其中流行，导致无症状的感染禽类带到活禽市场(邹丽容等，2016)。在批发市场和农贸市场各种家禽比较集中，造成病毒在禽类间相互感染，在宰杀家禽案板表面擦拭样品和污水样品检出 H7N9 流感病毒阳性率较高，鸡肉和鸡蛋也可能带有 H7N9 流感病毒(李兰娟等，2015)。

35. 哪些动物容易感染 H7N9 流感？

根据流感病毒的流行病学特点，鸡、火鸡、鸭、鹅、鹌鹑、雉鸡、鹧鸪、鸵鸟、孔雀等多种禽类甚至部分哺乳动物均可能是 H7N9 流感病毒的易感宿主。但从现有的监测结果来看，H7N9 流感的主要宿主和传播者是鸡和鹌鹑，其宿主范围还包括鸭、鸽子和人。已经证实了 H7N9 病毒可以在雪貂间传播(张毅等，2013)，现在 H7N9 病毒主要在活禽交易市场的鸡和环境中分离到(赵君和等，2016)。

H7N9 流感病毒属于甲型流感病毒的一种亚型。不同的亚型，对不同宿主的感染力是不一致的。比如 H1N1、H2N2 和 H3N2 在人类中流行，感染猪的有 H1N1、H4N6、H9N2 亚型。但所有亚型都能感染禽类。在水禽中可以分离到所有 HA 和 NA 亚型。水禽是甲型流感病毒的天然宿主和基因储存库(江丽芳，2013)。有资料表明从禽类中分离出的病毒也有感染哺乳动物的潜在能力。有案例称动物园老虎感染禽流感病毒致死(张淑华，2015)。许多家禽和野禽都对禽流感病毒敏感，并且可从其体内分离出病毒。虽然我国未有在野禽中检测到 H7N9 流感病毒的报道，但研究人员曾在蒙古、韩国、日本、瑞典、荷兰、加拿大及美国等地的野禽或家禽中监测到 H7N9 流感病毒(To K K et al.，2014)。H7N9 流感是一种人兽共患病，其病毒可以跨种间传播感染人类。国外曾经有发生过 H7N9 流感病毒感染禽类的报道，2013 年以前没有出现 H7N9 流感病毒感染人的案例。我国 2013 年出现的 H7N9 流感病毒引起人类感染，与以前在禽类中发现的 H7N9 流感病毒完全不同，是一种从未出现过的新型流感病毒(江丽芳,2013)。研究表明,H7N9 病毒可以在鸡群中水平传播。从不同禽类宿主中分离到的病毒对本宿主的感染性和传播性要强于其他宿主(张毅等,2013)。

36. H7N9 流感是如何传播的?

H7N9 流感既可以经呼吸道传播,也可通过密切接触感染的禽类分泌物或排泄物,受污染的水等,或直接接触病毒而传染(吴凡等,2013)。在感染的水禽的粪便中含有高浓度的病毒,并通过污染的水源由粪便—口途径传播流感病毒。

据一篇 H7N9 流感病毒对哺乳动物模型雪貂和猪的致病性及传播性的研究报道,H7N9 流感病毒可以在雪貂的上呼吸道和下呼吸道有效复制,造成支气管肺炎及大量的炎性细胞浸润。病毒可以在雪貂间通过直接接触和气溶胶的方式传播,但是直接接触的传播方式相比而言更加有效。H7N9 流感病毒可以在猪的呼吸道有效复制,但是不能在猪之间,及猪与雪貂间传播(Zhu H et al.,2013)。

科学实验均证明了 H7N9 亚型病毒可以在哺乳动物呼吸系统内有效复制,并造成器官的损伤,在哺乳动物间具有一定的传播性,但这种传播性具有毒株的特异性。H7N9 病毒不同源的分离株对禽类的感染性和传播性存在一定差异(Zhu H et al.,2013)。

流感病毒可通过消化道和呼吸道进入人体传染给人,人类直接接触受流感病毒感染的家禽及其粪便或者直接接触流感病毒也可以被感染。通过飞沫及接触呼吸道分泌物也是传播途径。

现有流行病学研究结果和实验室检测结果均提示,活禽市场中的鸡只是人类病例的感染来源,活禽市场是导致病例感染重要的暴露场所。流行病学调查结果显示,人的大多数病例(>80%)在发病前 2 周内均有禽类暴露史,其暴露行为和方式包括对禽类的喂养、运输、销售、宰杀及加工处理等,暴露的场所主要为活禽市场,其次为家养禽环境(李兰娟,2015)。

37. 为有效防控家禽 H7N9 流感，宜采取怎样的饲养方式？

H7N9 亚型流感病毒偶尔可以从家禽体内分离到，部分毒株对家禽具有一定的致病性，感染后很容易引起继发感染造成更严重的生产损失（赵静等，2016）。采取科学的家禽饲养方式，坚持“预防为主”的原则，建立并完善饲养管理措施，可有效预防和控制 H7N9 流感。具体措施包括：

改进饲养方式。逐步从简陋的人鸡共栖式小农生产方式改造为现代化、自动化大型养鸡场或小区式养鸡场（闻金华，2005），引入国内外先进养殖机械和设备，采用先进的科学的养殖方法，优化养殖条件和环境，保证家禽生活在最佳状态下。

养殖场要正确选址，合理规划。从保护人和家禽安全出发，应使家禽养殖场尽量远离居民区、集贸市场、交通要道以及其他动物生产、加工、经营、屠宰场所和相关设施等。防止流感病毒通过空气、水源等途径传播至自家养殖场。合理利用地势、气候条件、风向及天然隔离屏障等（徐仕忠，2010）。周围最好筑有围墙或防疫沟，并建有绿化带。禽舍应具有防鸟、防鼠和防虫的功能，确保家禽养殖不受外界因素的影响。生产区、生活与管理区和附属配套区等不同功能区应分开布置，生产区应设置在上风干燥处。禽舍建筑应注意相对密闭性，以便对温度、湿度、通风、光照、气流大小及方向等影响家禽生产性能和传染病防制的因素进行控制和调节（李增光，2008）。

实行全进全出的家禽饲养制度，有条件的应坚持自繁自养。引进家禽时，应从取得《种家禽生产经营许可证》和《动物防疫合格证》的种家禽场引进，并确保引进的家禽健康，无流感症状或免疫抗体保护合格。在每批禽群转走或出栏后，对禽舍及辅助设施进行彻底的卫生消毒，并闲置 2～3 周，然后再引进新的禽群，能够有效地阻断传染病的循环传播。在不能完全实施全进全出制的养殖场，应对新引入的家禽进行单独隔离饲养，观察 2～4 周或更长时间，在此期间进行必要的血清学检测，以最大限度地防止病原体的传入（徐仕忠，2010）。

加强对人员的管理。由于人员是家禽传染病传播中潜在的危险因素，因此，可在生产、生活等不同功能区建立洗手、更衣、换鞋、消毒、淋浴等设施，供工作人员进出时使用。在生产过程中，避免不同功能区工作人员的交叉走动和工具的交叉使用。经常性对工作人员及其常规防护物品（工作服和工作鞋等）进行可靠的清洗和消毒。设置供工作人员出入的专门通道，最大限度地防止可能携带病原微生物的工作人员进入生产区。谢绝外人参观，这样可以将社会疫情拒之门外，防止病原入侵。如有重要的来访者必须进入养殖场前，应提前对其进行登记和适当的隔离，确保其不会携带传染性病原体，并要求其按照普通工作人员一样进行洗手、消毒、更衣、换鞋后才允许进入。提倡饲养人员家中不养家禽，或接触其他鸟类。另外，应定期对所有相关工作人员（包括现场管理人员、饲养员、设备维修工和电工等）进行兽医生物安全知识培训（徐仕忠，2010）。

尽量做到来源、品种、年龄和免疫状态相同的家禽饲养在同一环境中，避免不同品种、不同来源的家禽混合饲养。把禽舍划分为若干个独立的单元，分别饲养不同品种、不同来源、不同日龄的家禽，一旦发生疫病，便于封锁、隔离（罗德霞，2015）。

保持饲养场和家禽舍环境卫生。大门设专职人员，负责来往人员、出入车辆的消毒工作。采用喷淋和消毒池相结合，经常更换消毒药液，并保持有效浓度。人员、饲料、家禽、粪便等各行其道。严格执行防疫消毒制度，定期对禽舍周围环境，禽场内物品及工具进行清洗和消毒，并及时进行消毒效果评价。此外，加强粪便、污物、污水以及患病或死亡禽只的无害化处理，也是降低养殖场环境或禽群中病原微生物污染程度、防止禽群感染的重要措施（徐仕忠，2010）。

病原体控制。在禽流感流行期间或受到周围地区禽流感威胁时，应采取紧急措施防止病原体传入养殖场。养殖场管理人员应重点关注以下风险点：引进的家禽，外来访问人员，家禽粪便处置，家禽尸体处理，水源污染，场内啮齿动物，场内野禽，媒介昆虫，饲料污染，运输车辆，土壤或垫料污染等。防止病原体在养殖场内随意扩散。家禽养殖场内物品流动的方向，应该从正常家禽的饲养区转向患病家禽的隔离区，从洁净区到污染区，或者从家禽养殖区转向粪污处理区(徐仕忠,2010)。

建立健全各项规章制度,包括岗位责任制度、生产管理制度、卫生防疫制度、兽药使用制度、档案管理制度、岗位培训与考核制度等。做好引种、饲料、用药、消毒、免疫、监测、发病和治疗情况、无害化处理、饲养日记等记录,所有资料应按时整理、分析,并分类归档,装订成册(赵静等,2016)。

其他控制措施。选用新鲜、无污染、配方合理的优质饲料。正确贮存饲料,在保质期内使用饲料饲喂家禽。合理使用兽药,严格遵守使用对象、途径、剂量及停药期的规定。对兽药的使用进行记录,对用量进行监督,分析降解周期。对处于降解周期内的家禽不销售、不屠宰(路桂环,2011)。

38.野禽能传播H7N9流感吗?

野禽可以传播H7N9流感。据研究,H7N9流感病毒是由浙江鸭的H7N3、野禽的H7N9与上海、北京及浙江的家禽H9N2亚型病毒之间重组而成(赵君和,2016)。由此可见,野禽是H7N9流感病毒的重要基因来源。

H7N9流感病毒属于甲型流感病毒,是其众多亚型中的一种。所有流感病毒的16个HA亚型和9个NA亚型已经从野禽中检测到。野禽中,尤其是野生水禽,所有亚型的流感病毒都持续循环存在,并且这些鸟类遍布于世界各地(吴凡等,2013)。野生水禽是流感病毒的自然宿主和基因库,几乎所有亚型以及不同基因组合的流感病毒均可在野生水禽中分离到。因此,野生水禽也被认为是感染家禽及哺乳动物的流感病毒的重要宿主来源(张毅等,2013)。

野禽中,候鸟雁鸭类,会随着季节发生迁徙。这些迁徙的野禽作为流感病毒的储存宿主,保存、播散流感病毒。流感病毒感染野禽后,一般不发病,或者仅为轻微的临床症状,但是病毒能在肠道上皮细胞进行有效的复制,并随着粪便排泄污染周边的水体等环境,泄毒会持续一段时间,其他鸟类接触受污染的水体可能会感染。每年随着季节变化,这些候鸟沿着相对稳定的迁徙路线,定期在繁殖地和越冬地之间迁徙。在迁徙途中,处于泄毒期的野禽可能会散播流感病毒。

39. H7N9 流感的流行有季节性吗？

流感的流行与流感病毒本身、宿主的免疫力以及环境因素对流感病毒传播的影响有复杂的关系，所以流感传播过程是一个复杂的过程。生物实验及流行病学调查研究表明，流感病毒通过多途径传播，包括空气传播路径和污染物传播路径。气候因素（如温度、湿度等）会影响流感病毒的存活以及传播能力，也会制约流感病毒飞沫产生效率，因此气候因素对流感病毒在空气中的传播产生极大的影响。流感发病动态具有明显的季节性规律，并且在温带和亚热带地区的流行规律存在差异。温带地区每年只有一个发病高峰，出现于冬季和初春。而在亚热带和部分热带地区存在明显的季节性双峰现象，包括冬季流感峰值和夏季流感小峰值。我国流感监测数据显示部分地处亚热带的省（自治区、直辖市）也有冬夏两季的双峰现象。动物实验结果表明，流感病毒的空气传播路径受气候因素的影响，在温度和相对湿度较高的情况下，流感病毒通过飞沫的传播能力很低，甚至被完全抑制。因此在温度和湿度都很高的亚热带或热带的夏季，不能形成飞沫传播的流感流行峰值。目前对于亚热带地区流感的季节性夏季峰值的成因研究较少，而其研究主要集中在降雨因素与流感夏季监测数据波动的相关性。对流感的季节性规律研究表明，气候因素与流感的季节性存在复杂的关系。接触率、病毒存活率以及宿主免疫力共同影响着流感的动态。温度和湿度降低有利于流感病毒的存活，所以寒冷干燥的气候条件是温带地区流感暴发的主要因素。同时绝对湿度的变化能够精确地反映出流感病毒的存活能力。

H7N9 亚型流感作为流感的一种，传播的季节性方面具有流感的特征。我国人感染 H7N9 流感的流行期为每年的 11 月至次年 5 月，流行高峰期一般出现在每年的1—2 月，所以认为我国人感染 H7N9 流感病例具有冬春季高发的季节性流行特征。在 2013 年初 3—4 月出现一个春季的流行高峰，与之后第 2 至第 5 波疫情的高峰期出现的时间不符，这可能是因为当时处于人感染 H7N9 流感刚开始出现的阶段，其所表现出的季节性特征尚不能反映出该病真实的流行规律。

人感染 H7N9 流感在冬春季高发的特征提示，在疾病的流行高峰期采取相应措施，如季节性暂停活禽交易等，减少人群的暴露机会，能够显著降低人感染 H7N9 流感病例的发病数。

40. 什么地方感染 H7N9 流感的风险最高？

活禽交易市场、家禽屠宰场、野禽栖居地、家禽养殖场等均有可能为 H7N9 病毒的储藏地，尤其是管理措施不到位的活禽交易市场，活禽交易活跃，病毒传播风险高。

人类感染 H7N9 病毒的主要传播途径是呼吸道传播，接触感染 H7N9 病毒的禽类分泌物或排泄物可能会感染。目前的证据显示感染者有禽类接触史，或者在有禽类活动的区域工作过。中国人有喜好消费活禽的习惯，喜欢去活禽交易市场选购自己中意的活禽，在市场进行简单宰杀加工后带回家烹调。活禽交易市场遍布全国各地，交易量大，运输十分活跃，带来疫病传播的风险很高。我国活禽交易市场经过近些年来的规范整顿，市场环境有所改善，但是，大多数活禽交易市场（特别是一些中小交易市场）经营环境差，各种禽类混杂，禽类来源复杂，客观上导致多种病原体在市场聚集。当前的活禽交易市场同时存在多个经营档口，场地狭小，运输车辆与人员流动频繁，禽类经营人员长期与活禽近距离接触，大多数人又无防护措施，感染风险极高，属于高危人群，顾客在挑选活禽时暴露在高危环境中。对活禽交易市场的最新调查结果显示，进入活禽交易市场的家禽可能部分携带禽流感病毒，活禽交易市场有助于病毒的复制和进一步扩散。如果家禽进入市场后不能及时售出，随着停留时间的延长（超过 24 h），流感病毒核酸检测阳性率将明显提高。活禽交易活跃，长途调运频繁，增加了流感疫情传播风险，活禽交易市场已成为病毒的重要集散地和疫病传播环节。

据世界卫生组织介绍，H7 亚型流感病毒通常是一组在鸟类中传播的流感病毒，H7N9 流感病毒属于 H7 病毒大类下的一个亚群。目前对人感染 H7N9

流感的认知十分有限，近年来，时有公布人感染 H7N9 流感病例情况，但具体的传染来源还不明确，其中有部分病人有过在农贸市场与家禽接触的经历，推测传染源可能为携带 H7N9 流感病毒的禽类及其分泌物或排泄物。因此，认为活禽交易环节是防控 H7N9 流感的关键环节，各地都在探索活禽交易环节防控 H7N9 流感的措施，或关闭农贸市场活禽零售交易，以达到有效控制 H7N9 流感病原污染，降低人在活禽交易环节感染 H7N9 流感的风险（周祖华，2013）。

养殖场也存在感染 H7N9 流感病毒的风险。我国家禽养殖业近几十年来有了长足发展，规模养殖场饲养家禽比例逐年提高，但农村以及小规模养殖场养殖仍占有一定比例，且养殖环境和条件较差，易于疫病发生和传播。一些散养农户将鸡、鸭、鹅等禽类混养，导致病毒的跨种传播。部分农户将畜禽混养，一旦禽类感染 H7N9 病毒，可能会将病毒传播给猪等哺乳动物，给病毒变异提供了有利条件，也增加了人感染的机会（邹丽容等，2016）。

从 2012—2015 年广东省活禽市场外环境禽流感病毒污染状况调查结果可以看出，各地区活禽市场外环境均有病毒检出，其中珠海、惠州、中山和揭阳等地区阳性率偏高。广东省沿海地区河流、湖泊和湿地分布广泛且气候宜人，适宜饲养家禽，又是冬季候鸟的栖居地。家禽和候鸟的存在，使得禽流感病毒在沿海地区活禽市场中持续传播和流行，同时易感染人的 H9、H5 和 H7 亚型在各地区也均可以检出，为流感病毒重组创造了更大的机会，说明沿海地区更应加强禽流感病毒的监测（邹丽容等，2016）。

家禽屠宰场也存在感染 H7N9 流感病毒的风险，如果屠宰携带 H7N9 流感病毒的家禽，屠宰污水、羽毛和废弃物均可能含有病毒，且不易消除。我国南方活禽市场环境样本的禽流感病毒核酸阳性率高于北方，而阳性率有明显的季节性趋势，每年冬春季节核酸检测阳性率较高，而夏季则相对较低，即在每年的 10 月至次年的 4 月份左右形成高峰。由于禽带毒不发病，具有隐匿性，源头控制十分困难，但从长远来看应加快调整和改变我国传统的家禽养殖、流通和消费模式，尽快出台扶持政策，推动建立科学安全的禽业养殖、屠宰、流通和经营模式，积极推进规模化养殖，促进产业转型升级和健康发展，从根本上消除 H7N9 流感疫情对公众健康安全的危害和对家禽业的影响（葛静，2016）。

41. H7N9 流感主要存在于哪些地区?

H7N9 流感是全球首次发现的新亚型流感病毒,于 2013 年 3 月底在上海和安徽两地率先发现人感染。截至 2017 年 9 月 5 日,中国大陆累计报告人感染 H7N9 流感病例 1 558 例,死亡 606 例。病例主要分布于北京、上海、江苏、浙江、安徽、山东、河南、台湾、江西、湖南、福建、广东、广西、天津等 27 个省(自治区、直辖市)。另外,中国境内的台湾、香港和澳门,以及境外加拿大和马来西亚也有零星输入性病例。

42. 不同场所家禽 H7N9 流感病毒的带毒情况如何?

2014—2015 年对 S 市 32 个镇(街)的禽类养殖场、散养户、三鸟批发市场、农贸市场进行采样,样品涉及鸡、鸭、鹅、鸽等禽类喉/泄殖腔拭子及血清。通过对拭子样品进行 H7N9 流感病毒荧光 RT-PCR 检测,摸清不同场所禽群中 H7N9 流感病毒的带毒情况。

不同场所禽群中 H7N9 流感病毒调查结果表明,以农贸市场的阳性率最高,达到 10.03%,其余依次为三鸟批发市场(1.74%)、散养户(0.70%)、禽类养殖场(0.48%),结果详见表 1。农贸市场禽群中 H7N9 流感病毒的阳性率最高,提示农贸市场是 H7N9 流感病毒污染最为严重的地方,一方面禽类来源复杂,健康程度参差不齐,易感禽容易感染发病;另一方面,活禽交易市场每天都有禽类活动,使得禽类病原种类多、密度高,容易造成交叉感染,变异风险加大。其他场所禽群均监测到 H7N9 流感病毒,说明每个场所均有感染 H7N9 流感病毒的风险。养殖场由于禽类单一、进出有序,再加上科学的管理,虽然禽只密度更大,但感染率反而更低。

表 1　不同场所禽群 H7N9 流感病毒检测结果

年份	禽类养殖场	散养户	三鸟批发市场	农贸市场
2014	20/2 723 (0.73%)	5/2 450 (0.20%)	168/5 752 (2.92%)	352/2 642 (13.32%)
2015	0/1 453 (0)	25/1 816 (1.38%)	35/5 914 (0.59%)	533/ 5184 (10.28%)
合计	20/4 176 (0.48%)	30/4 266 (0.70%)	203/11 666 (1.74%)	885/7 826 (11.31%)

对市场内的不同区域进行 H7N9 流感病毒流行病学调查，结果显示：市场内不同区域均可检测到 H7N9 流感病毒，其中光鸡档口 H7N9 流感的阳性率最高，其次是屠宰间档口，差异显著（$P<0.05$）。表明市场内不同区域均具有传播和感染 H7N9 流感病毒的潜在风险，其中光鸡档口和屠宰间档口是 H7N9 流感病毒污染最为严重的地方，风险最高，应高度重视并做好清洗消毒工作。

43. H7N9 流感病毒核酸检测结果与病毒分离鉴定结果的关系如何？

H7N9 流感病毒的检测方法包括病毒的分离培养以及血清学诊断等传统的检测方法和现代分子生物学检测。病毒的分离培养是 H7N9 流感病毒确诊的唯一方法。但是此方法过程烦琐，耗时长，所以大多数机构会先选择快速、便捷的荧光 RT-PCR 法检测病毒核酸，检测结果阳性后再利用病毒分离培养方法进一步确诊。

核酸检测结果与病毒分离鉴定结果不一致的情况可能有：①H7N9 流感病毒为死病毒，但是核酸没有被破坏，导致核酸检测结果阳性，病毒分离鉴定结果为阴性；②检测的样品不仅有 H7N9 流感病毒，可能还存在 H5 亚型禽流感病毒、H9 亚型禽流感病毒、新城疫病毒等，这些病毒含量高，在病毒分离培养时与 H7N9 流感病毒发生竞争，结果导致病毒分离鉴定结果为阴性，核酸检测结果阳性。

44. 人间病例与活禽交易市场 H7N9 流感监测情况的相关性怎样？

WHO 和中国疾病预防控制中心提供的数据显示，人间病例数与活禽交易市场 H7N9 流感监测阳性率呈正相关性。2015 年春节前，S 市出现多例（8 例）人感染 H7N9 流感病例，因此实施了春节期间（2015 年 2 月 19 日至 2 月 28 日）全市所有活禽交易市场"连续休市 10 天"的方案。休市后，人间病例仅有一例报告，说明采取大范围休市措施可以迅速控制人间病例的发生。

S 市动物疫病预防控制中心休市前后在 S 市活禽交易市场采样进行 H7N9 流感病毒检测，样品为环境拭子。休市前遍及 S 市 30 个镇街的 85 个活禽交易市场，共1 769 份拭子样品；休市后 25 个镇街的 52 个农贸市场，共 1 033 份拭子样品。检测结果显示，休市后镇街阳性率、市场阳性率、样品的阳性率均明显低于休市前，样品阳性率为 1.74%，差异极显著（表 2）。

表 2　休市前后 S 市活禽交易市场 H7N9 流感病毒检测情况对比

时间点	镇街			市场			样品		
	总数（个）	阳性数（个）	阳性率（%）	总数（个）	阳性数（个）	阳性率（%）	总数（份）	阳性数（份）	阳性率（%）
休市前	30	27	90.00	85	49	57.65	1 769	545	30.81*
休市后	25	4	16.00	52	4	7.69	1 033	18	1.74*

* 表示差异极显著（$P<0.01$）。

结果说明，人间病例显著降低与关闭全市所有活禽交易市场有一定关联。随着活禽交易市场的关闭，活禽交易市场 H7N9 流感病毒阳性率明显降低，人间感染 H7N9 疫情也得到了明显的控制。在分析活禽市场休市对疫情的影响作用中发现，及时识别疫情严重县（区）并采取活禽市场休市制度能有效控制疫情（吕华坤等，2014）。说明随着休市措施的开展，活禽市场 H7N9 流感病毒分布减少，人间病例也有效减少。

45. H7N9 流感与 H5N1 禽流感流行特征的区别怎样？

（一）H7N9 对人的感染能力高于 H5N1

H7N9 流感是一种新型的流感，于 2013 年 3 月底在上海和安徽两地率先发现。人感染 H7N9 流感会出现发热、咳嗽等急性呼吸道感染症状，尤其是会出现高热、呼吸困难。起病 5～7 天出现呼吸困难等重症肺炎相关表现，并进行性加重，部分病例可迅速发展为急性呼吸窘迫综合征并死亡。H7N9 对人的感染能力和发生病例数均显著高于 H5N1。

（二）H7N9 既有低致病力毒株也有高致病力毒株，H5N1 仅有高致病力毒株；且两者的易感宿主和流行特点有差异

现有的动物监测结果表明，H7N9 流感对家禽易感，易感性与禽的种类有一定的关联，鸡较鸭、鹅易感。家禽感染 H7N9 流感在种间传播速度快，目前同时存在低致病力和高致病力毒株，高致病力 H7N9 流感对鸡的致病性与 H5N1 相似。

H5N1 为高致病性禽流感病毒，无低致病力毒株。1997 年，首次从中国香港 3 岁儿童的流感死亡病例标本中分离鉴定出。人感染 H5N1 禽流感病毒后常表现为高热等呼吸道症状，往往很快发展成肺炎，甚至急性呼吸窘迫综合征和全身器官衰竭，死亡率高。H5N1 病毒不能在人与人之间传播。自 1997 年中国香港发生首例人类 H5N1 禽流感以来，越南、泰国、柬埔寨、印度尼西亚、埃及等国都发生过人类禽流感病例，严重的超过 100 人发病，几十人死亡。据世界卫生组织的统计数字，从 2003 年直到 2013 年 3 月的十年中，整个世界有 622 个病例，死亡 371 人，死亡率大约是 60%。

H5N1 禽流感对家禽易感，目前，常见发病的是鸡、鸭、鹅等，主要经过呼吸道、消化道感染，亦有可能垂直传播，飞鸟在本病毒的远距离传播中起着重要作用。家禽感染 H5N1 禽流感一年四季均可发生，以冬春季多见，呈世界性分布，具有多种病型，其中急性败血型死亡率可高达 90%以上。

46. H7N9 流感病毒会不会本土化，与本地流行的流感毒株进一步重组？

目前 H7N9 流感病毒已在我国的禽间根植，H7N9 亚型流感病毒已在不同区域本土化，病毒的基因型已从早期的长江三角洲分支发展到当前长江三角洲分支和珠江三角洲分支共存，并且又进化出多个亚分支。禽类的跨地区贸易在病毒的传播和进化中起到了不可忽视的作用，而且流感病毒易重组、易变异的特性加速了 H7N9 病毒的本土化。H7N9 亚型流感病毒从活禽市场向本地家禽养殖场传播的风险也日益加大，并且有可能与本地流感毒株进一步重组。

因此，应采取相应措施或制定相关政策，对禽的跨地区贸易行为进行管理和规范，尽量阻断 H7N9 流感病毒在不同地区之间的传播。加强活禽交易市场的休市、消毒，防止 H7N9 向养殖场蔓延。

人感染 H7N9 流感确诊病例在全国范围内呈现出明显的地域聚集性，前期病例主要集中在我国的华东和华南地区，但目前已扩散到华北、华中、西北、西南和东北地区。这可能与我国南方是黄羽鸡主要的生产、销售地区有关，调查研究显示，黄羽鸡的销售市场 80%集中在我国长江流域以南的地区。对于相关环境危险因素的研究结果提示，活禽市场的数量、温度、相对湿度、灌溉面积、人口密度和城市建设用地面积等因素均与 H7N9 流感疫情的传播流行有关。研究还发现，报告人感染 H7N9 流感病例的地区范围不断在扩大，这可能是由于随着各重点省份相继永久性关闭本地区的活禽交易市场，原本运往这些省份或地区销售的禽类可能会流向其他管理措施较宽松的地区，如之前未发生过病例或发生病例数较少的地区，这就有可能在之前的疫情空白省份引入 H7N9 流感病毒，从而造成环境的污染和人间病例的发生。2013 年 4 月广东首次在东莞的活禽交易市场中发现 H7N9 亚型流感病毒阳性样品，根据对家禽来源的追溯来源于华东地区，华东地区发生 H7N9 疫情后，采取措施关闭交易市场，但并未限制家禽的调运。

47. 活禽交易市场的卫生环境状况与H7N9流感病毒存在的关系如何?

S市动物疫病预防控制中心研究表明,活禽交易市场的卫生环境状况与H7N9流感病毒的存在呈正相关关系。

在活禽交易市场的不同区域,卫生环境差,清洗、消毒不彻底的屠宰间,H7N9流感的污染率较市场的其他区域高。

不同经营模式的活禽交易市场,将鸡清空,比较容易进行彻底的冲洗和消毒,不留死角的市场,H7N9流感的污染率较低。将鸡留在市场过夜,带毒的鸡持续排毒,对周围环境造成污染的市场,H7N9流感的污染率较高。

用高压水枪对经营场所地板、角落进行冲洗,冲洗比较彻底,消毒效果较好的市场,H7N9流感的污染率较低。只是普通的清扫,清洗不干净、冲洗不彻底的市场,H7N9流感的污染率较高。

48. 屠宰环节H7N9流感病毒的污染情况如何?

为研究屠宰环节H7N9亚型流感病毒污染情况,选取了两个出港光禽的家禽屠宰场、一个三鸟批发市场家禽屠宰档口、两个农贸市场家禽屠宰档口以及一个市场的光禽档口。两个出港光禽的家禽屠宰场分别用A、B家禽屠宰场表示,三鸟批发市场家禽屠宰档口用C家禽屠宰档口表示,两个农贸市场家禽屠宰档口分别用D、E家禽屠宰档口表示(其中D家禽屠宰档口全天经营,消毒措施以及休市措施执行不到位,E家禽屠宰档口每天经营半天,经营结束后用消毒水清洗),光禽档口(是指每天在家屠宰好家禽后拿到农贸市场销售)用F光禽档口表示。

分别采集A家禽屠宰场312份环境样品、B家禽屠宰场316份环境样品、C家禽屠宰档口95份环境样品、D家禽屠宰档口272份环境样品、E家禽屠宰档口 270 份环境样品、F 光禽档口 240 份环境样品(样品每两个月采集一次，共采集 6 次)。样品用荧光 RT-PCR H7N9 流感病毒核酸检测试剂盒进行检测。

检测结果显示，以 D 家禽屠宰档口的阳性率最高，达到 12.50%，其余依次为 F 光禽档口、C 家禽屠宰档口、E 家禽屠宰档口，A、B 家禽屠宰场的屠宰环节未检出 H7N9 流感病毒。

A、B 家禽屠宰场为养殖场定点屠宰点，屠宰的家禽来源单一，养殖场没有 H7N9 亚型流感病毒感染，屠宰点也未检测出 H7N9 流感病毒。而活禽交易市场屠宰点屠宰的家禽来源复杂，加上屠宰设备陈旧、落后，主要靠手工操作，加工场所的粪污、羽毛散落遍地，基本没有污水等污染物处理排放设施，市场环境容易长期污染 H7N9 流感病毒。

因此，控制 H7N9 流感的关键是要控制源头，可考虑实行中央屠宰，减少 H7N9 流感的传播风险。

参考文献

陈霆，鲍琳琳，朱华，等. 2014. 新型禽源人流感病毒(H7N9)的小鼠感染模型和传播模型建立[J]. 中国比较医学杂志，21(1)：52-55.

邓魏，许黎黎，鲍琳琳，等. 2014. 雪貂感染 H7N9 禽流感病毒动物模型的建立[J]. 中国比较医学杂志，24(1)：68-72.

董晓毅，孙长贵. 2013. H7N9 禽流感病毒感染及其实验室诊断[J]. 实验与检验医学，31(2)：105-114.

葛静. 2016. 人感染 H7N9 禽流感研究进展[J]. 热带医学杂志，4：537-540.

江丽芳. 2013. H7N9 禽流感病毒研究现状[J]. 中山大学学报，34(5)：651-656.

李兰娟. 2015. 人感染 H7N9 禽流感 [M]. 北京：科学出版社.

李增光. 2008. 家禽养殖场的生物安全管理及区划隔离[J]. 今日畜牧兽医，8：1-2.

卢受昇. 2016. H7N9 流感传播的生态学分析及防控对策[J]. 广东畜牧兽医科技，41(3)：1-3.

路桂环. 2011. 危害分析与关键控制点体系在家禽养殖中的应用[J]. 养殖技术顾问，2011，5：66.

罗德霞. 2013. 家禽养殖中疾病预防的综合措施[J]. 畜牧与饲料科学，32(2)：119.

吕华坤，龚振宇，孙继民，等. 2014. 浙江省人感染 H7N9 禽流感疫情特征与活禽市场休市的影响分析[J]. 疾病监测，09：700-703.

祁贤，汤奋扬. 2014. H7N9 禽流感病毒的生物学特征及进化趋势[J]. 江苏预防医学，25(2)：

47-50.

汪洋,韩焘,姜畔. 2015. 新型甲型 H7N9 禽流感病毒研究进展[J]. 中国病毒杂志,5(1):67-71.

闻金华. 2005. 家禽养殖小区的动物防疫管理[J]. 中国禽业导刊,22(2):26.

吴凡,袁政安. 2013. H7N9 禽流感问答[M]. 上海:第二军医大学出版社.

徐成刚,任涛,廖明. 2015. 禽流感现状对养禽业的影响[J]. 养禽与禽病防治,1:2-5.

徐仕忠. 家禽养殖场兽医生物安全体系建设[J]. 兽医导刊,2010,(1):65-66.

张淑华. 2015. 东北虎感染禽流感致死一例[J]. 中兽医学杂志,(9):119.

张毅,康京丽,王静静,等. 2013. H7N9 亚型流感病毒病原学及流行病学分析[J]. 中国动物检疫,30(9):27-30.

赵静,冯金玲,靳继惠,等. 2016. 2016 年鸡重要疫病流行动态分析[J]. 中国家禽,38(12):69-72.

赵君和. 2016. 2016 年禽流感的流行特点及防控策略[J]. 中国畜牧兽医文摘, 32(1):2-3.

中国农业科学院哈尔滨兽医研究所. 2008. 动物传染病学[M]. 北京:中国农业出版社.

周祖华. 2013. H7N9 禽流感流行趋势、原因及防控策略[D]. //中国畜牧兽医学会家畜传染病学分会第八届全国会员代表大会暨第十五次学术研讨会论文集[D]. 68-70.

朱闻斐,高荣保,王大燕,等. 2013. H7 亚型禽流感病毒概述[J]. 病毒学报,29(3): 245-249.

邹丽容,毛小晓,吴婕,等. 2016. 2012 2015 年广东省活禽市场外环境禽流感病毒污染状况研究[J]. 激光生物学报,25:276-282.

Adams S, Sandrock C. 2010. Avian influenza. Update[J]. Med Princ Pract, 19:421-432.

Chang S Y, Lin P H, Tsai J C, et al. 2013. The first case of H7N9 influenza in Taiwan[J]. Lancet, 381(9878):1621.

Chen Y, Wen Y. 2015. Global dynamic analysis of a H7N9 avian-human influenza model in an outbreak region [J]. J Theor Biol,367:180-188.

Cui L, Liu D,Shi W,et al. 2014. Dynamic reassortments and genetic heterogeneity of the human-infecting influenza A(H7N9)virus[J]. Nat Commun,5:3142.

Fouchier R A, Schneeberger P M, Rozendaal F W, et al. 2004. Avian influenza A virus (H7N7) associated with human conjunctivitis and a fatal case of acute respiratory distress syndrome[J]. Proc Natl Acad Sci U S A, 101(5):1356-1361.

Jones J C, Sonnberg S, Kocer Z A, et al. 2014. Possible role of songbirds and Parakeets in transmission of influenza A(H7N9) virus to humans[J]. Emerging Infectious Diseases, 20(3):380-385.

Ku K B,Park E H,Yum J,et al. 2014. Transmissibility of novel H7N9 and H9N2 avian influenza viruses between chickens and ferrets[J] . Virology,450-451:316-323.

Lam T T, Wang J, Shen Y, et al. 2013. The genesis and source of the H7N9 influenza viruses causing human infections in China[J]. Nature, 502(7470):241-244.

Pantin-Jackwood M J, Miller P J, Spackman E, et al. 2014. Role of poultry in spread of novel H7N9 influenza virus in China[J]. Journal of Virology, doi:10.1128/JVI.03689-13.

To K K, Chan J F, Chen H, et al. 2013. The emergence of influenza A H7N9 in human beings 16 years after influenza A H5N1: a tale of two cities[J]. Lancet Infect Dis, 13(9):809-821.

Tong S, Zhu X, Li Y, et al. 2013. New world bats harbor diverse influenza A viruses[J]. PLoS Pathog, 9(10):e1003657.

World Health Organization. Avian influenza A(H7N9) virus. WHO risk assessment of human infection with avian influenza A (H7N9) virus[EB/OL]. (2015-07-16)[2015-09-08]. http://www.who.int/influenza/human_animal_interface/influenza_h7n9/Risk_Assessment/en/.

Zhu H, Wang D, Kelvin D, et al. 2013. Infectivity, transmission, and pathology of human H7N9 influenza in ferrets and pigs [J]. Science, 341(6142):183-186.

第三章　人感染 H7N9 流感

49. H7N9 流感对人类造成了什么影响?

自 2013 年 3 月以来,中国上海和安徽等地出现了人感染 H7N9 流感疫情(杨正时,2014),迅速波及中国 12 个省(龚震宇等,2014)。尽管相关部门一再表示尚未发现该亚型病毒在人群中传播的现象,但是随着感染病例不断增加,所引起的社会反应越来越大。H7N9 流感不仅给人的身体健康造成影响,也影响着人们生活的方方面面。不同的人对这次 H7N9 流感疫情对人类带来的影响有不同的看法,总的来说主要有以下几个方面。

(一)对人类健康的影响

人感染 H7N9 流感病毒最直接的影响就是对被感染者身体健康带来不良影响。比如 2013 年杭州较早确诊报告的 4 例人感染 H7N9 流感病例,主要临床症状为重症肺炎并呈进行性加重,表现为发热、咳嗽、咳带血丝痰、气促、乏力、食欲缺乏、呼吸音下降、闻及哮鸣音,后期出现多器官功能障碍综合征(寿钧等,2013)。

(二)对生活的影响

突如其来的 H7N9 流感,让人们谈"禽"色变。

饮食结构:H7N9 流感流行期间,人们的饮食结构发生了改变。活禽在家庭消费中所占比例剧减。消费者普遍担忧被感染,基本没有购买活禽消费的意愿。北京地区不少食堂不再提供鸡肉和鸡蛋等菜肴。我国南方部分地区有"无鸡不成宴"的食俗,但是在一些餐饮店里,很多顾客的餐桌上已不见平时大受欢迎的禽类食物。据媒体报道，在许多地方可以看到，过去需要排队买单、等座位的洋快餐如肯德基、麦当劳等不再那么忙了，而相邻的中国本土快餐"大娘水饺"等却生意兴隆，进进出出的顾客明显增多。

旅游计划：上海和安徽等地在暴发人感染 H7N9 流感后，有旅行社表示，部分华东线游客要求退团或者改变旅游线路。多家旅行社均对 H7N9 流感做出应对措施，有些宣布暂停可能与活禽发生接触的旅游产品的售卖。2013 年"五一"，桂林、阳朔、昆明、大理、丽江、厦门等方向旅游产品成为国内游关注度最高的，相比之下，遭受禽流感影响的国内华东线却是"冷得很"，连咨询的人都很少。

（三）对家禽业的上下游形成了严重冲击

家禽类销售量一路下滑。综合各地市场消息，此次流感对华中、华东地区鸡价影响巨大，部分家禽市场停止营业。在华南地区，受 H7N9 流感影响鸡价急剧下跌，且市场肉鸡消费锐减。活鸡批发客户仍在观望，进货非常谨慎。由于成鸡卖不出去，导致产业链上游的鸡苗也没人要了。H7N9 流感事件报道出来后严重打击了养殖户投苗积极性，绝大部分养殖户出现恐慌，不敢进苗。有小段时间，整个鸡苗市场出现瘫痪局面，社会上大量倒苗现象，孵化企业出现严重亏损。H7N9 流感病毒的暴发对产业链的下游也造成了影响，具体表现为羽毛出得少了，羽绒服装业受到了影响。中国著名羽绒服生产企业波司登公司反映，2012 年羽绒原材料价格平均为每吨 30 万元，2013 年 5 月上旬已经涨到每吨 58 万元。另外，生产鸡饲料的不少企业转产猪饲料等（陈清扬等，2013）。2016 年下半年至 2017 年上半年，由于人感染 H7N9 病例的增多和高致病性 H7N9 的出现，家禽业再次陷入低迷，养殖户亏损严重。

（四）对其他关联行业产生的影响较大

自 H7N9 疫情发生以来，市场上的家禽产品销量迅速下滑，鱼虾等水产品销售却一路看好，不仅销量超过以往，而且价格也普遍上涨。究其原因，主要是人们不敢吃鸡、鸭、鹅等禽类，而改吃鱼和虾等水产品了。在这次疫情处置上，尽管我国各级政府从一开始就做到了公开透明，避免因不知情或谣言误导而引发大众心理恐慌，但与疫病防治有关的药品抢购现象还是有所发生，最典型的例证就是部分城市的中药饮剂——板蓝根曾一度脱销，生产厂家不得不加班加点生产，医院和药店不得不连夜组织采购和调运（陈清扬等，2013）。

突如其来的 H7N9 令 A 股市场相关医药股火爆上涨，同时禽类养殖股则形成暴跌，两大板块走势可谓冰火两重天。国内最大的祖代种鸡养殖企业益生股份在鸡、鸽子和环境标本检测到 H7N9 流感病毒后，股价大幅下挫，2013 年 4 月 8 日以跌停报收。相似走势的还有国内最大的肉鸡苗生产企业民和股份，该公司截至 8 日收盘，跌幅达 8.09%。相关医药股呈上涨态势。以岭药业相关工作人员表示："公司股价上涨确实是受益于 H7N9。"此外，抗病毒化学药用量也随之增加，对抗病毒化学药生产企业构成利好，如上海医药等。

受人感染 H7N9 流感疫情影响，农村金融服务机构也受到了冲击。银行贷给养鸡场、养鸭场的贷款被迫延期等待。

（五）对动物流通及贸易的影响

H7N9 流感疫情暴发以后，疫区的家禽流通和市场销售已被禁止，非疫区家禽的流通也受到限制，各地都设立重重关卡，限制活禽运输。家禽消费大量减少使家禽运输的经营者几乎全面停业。因为活禽交易市场采取了强制关闭措施，进一步封堵了销售渠道（李艳芳等，2013）。

据海关 2013 年 4 月 10 日的统计，中国 2013 年 1—3 月份出口活家禽 150 万只，比去年同期增长 8.2%，其中 3 月份的出口数量为 63 万只，同比仅仅增长了 3%。据湖北检验检疫局透露，湖北省的蛋品 2012 年累计出口 44 910 t，出口额达到 5 295.7 万美元。但疫情发生后，越南宣布立即停止从中国进口家禽，加紧与中国相邻的北部边境控制，没收了来自中国的数千只活鸡以及多吨鸡肉。印度尼西亚农业部也暂停从中国进口禽类产品，包括用来制造羽毛球的鸭毛（李艳芳等，2013）。

（六）对公共卫生的影响

2013 年春季 H7N9 流感疫情发生以来，我国在最短时间内主动公开境内发生人感染 H7N9 流感病例信息，并及时更新疫情，加强信息交流和技术共享，科学调动资源，建立起多部门联防联控工作机制，全力做好患者救治，加强疫情监测和形势研判，推进临床诊断试剂开发和疫苗研制，采取强制扑杀家禽、提供财政补助、关闭城市活禽市场、规范活禽调运等综合性传染源控制措施，并同 WHO 保持密切沟通与合作（刘剑等，2014）。

50．人感染H7N9亚型流感病毒一般会有什么临床症状?

H7N9亚型流感病毒在人体内的潜伏期通常为7天以内，早期症状与流感相似，患者会出现发热、咳嗽、喉咙痛、少痰等症状，也可以引起头痛、肌肉酸痛等全身不适症状。重症患者表现为重症肺炎，病情发展快速，体温多持续在39℃以上，出现呼吸困难，可伴有咳血痰，亦可快速进展，出现急性呼吸窘迫综合征、休克、多器官衰竭等，甚至死亡。

51．人感染H7N9流感和普通感冒有什么区别?

这是不同的两种疾病。两者的定义、临床表现、传染性及治疗方面都有所区别。

两者的定义不同。人感染H7N9流感，是H7N9流感病毒引起的人类呼吸道疾病。普通感冒，是由人流感病毒及多种其他病原体，如鼻病毒、腺病毒、细菌及支原体等引起的一种常见病。

两者临床表现不同。与人感染H7N9流感相比，普通感冒主要表现为打喷嚏、流鼻涕等上呼吸道症状，全身症状较轻，不发热或仅有低热，一般3～5天痊愈。人感染H7N9亚型流感潜伏期一般为7天以内，一般表现为流感样症状，如发热，咳嗽，少痰，可伴有头痛、肌肉酸痛和全身不适。重症患者病情发展迅速，表现为重症肺炎，体温大多持续在39℃以上，出现呼吸困难，可伴有咳血痰，还可快速进展，出现急性呼吸窘迫综合征、纵隔气肿、脓毒症、休克、意识障碍及急性肾损伤等症状，有时可以导致人死亡。

人感染H7N9流感和普通感冒的传染性不同。H7N9流感经呼吸道传播，也可通过密切接触感染的禽类分泌物或排泄物等被感染，直接接触病毒也可被感染。但是现尚无病毒在人与人之间传播的确切证据。H7N9病毒存在于病人的呼吸道，主要是下呼吸道。由于禽流感病毒容易变异，即使是曾经感染过 H7N9 流感病毒的患者，当下次再遇上 H7N9 流感病毒流行，仍然可能会感染，所以 H7N9 病毒可以引起暴发性流行。普通感冒可以通过患者的喷嚏和含有病毒的飞沫进行空气传播，或者经患者污染的手和用具接触传播，但是接触病原体后是否发病还取决于传播途径和人群易感性，淋雨、劳累、受凉、气候突变等容易引起人体呼吸道防御功能下降的因素，易引起感冒的发生，而年老体弱、免疫功能低下、有慢性呼吸道疾病等的患者也易发病。该病以散发为主，传染率只有 10%，不会引起大流行。

人感染 H7N9 流感首先要对患者进行隔离，然后保持室内空气流通，进行消毒处理。让患者多休息，多喝水，加强营养，尽量吃一些比较容易消化的食物。如果患者出现高热症状应该酌用解热镇痛药或物理降温方法予以降温；流涕、鼻塞者，应用缓解鼻黏膜充血药物；咳嗽、咳痰者，给予镇咳祛痰药物。如果是小孩子感染 H7N9 流感禁用阿司匹林以及其他水杨酸类制剂，以免引起 Reye 综合征而加重病情。如果是早期感染 H7N9 流感可用抗流感病毒药物，这种药物可以改善症状、缩短病程、减少并发症并降低病死率，一般在发病 1～2 天内使用，可取得最佳疗效。

普通感冒的治疗应以对症治疗、缓解感冒症状为主，同时注意休息、适当补充水分、保持室内空气流通，避免继发细菌感染。

52. 人用 H7N9 流感疫苗的研究进展如何？

疫苗接种是人感染 H7N9 流感最有效的防控手段。据世界卫生组织网站公布，截至 2017 年 2 月，尚无有效防控 H7N9 流感病毒感染的疫苗被批准上市。在 2013 年 3 月人感染 H7N9 流感疫情发生之初，科技部会同卫计委启动了人感染 H7N9 流感科技应急防控研究项目，重点推进临床诊断试剂开发、疫苗研制等重点工作。

目前国内外有多家公司及机构在研发 H7N9 疫苗。美国的 Greffex、Protein Science 和 Novavax，加拿大的 Medicago，中国的国光生物科技股份有限公司（Adimmune）、中国生物技术股份有限公司、北京科兴生物制品有限公司、华兰生物工程股份有限公司、上海市新发与再现传染病研究所都相继宣布进入疫苗研制阶段。

截至 2015 年 6 月，我国已有多个 H7N9 疫苗进入临床试验申报阶段。北京科兴生物制品有限公司和华兰生物工程股份有限公司分别就自己研制的 H7N9 疫苗向国家食品药品监督管理局正式提出临床试验申请。

2013 年 5 月 1 日，Greffex 宣布其成功研发了 H7N9 流感病毒候选疫苗（BUSINESS WIRE Company，2012）。2013 年 5 月 3 日，美国的 Protein Science 公司也宣布类似的结果。这两家公司都是采用经过改造的腺病毒载体，Greffex 公司采用了该公司的 GREVAX 专利技术。利用这个技术平台，该公司曾经成功研发 H1N1 流感疫苗，也构建了登革热、炭疽病、埃博拉病等 A 类传染病疫苗。

2013 年 5 月 8 日，加拿大 Medicago 公司宣布研发出 H7N9 流感疫苗。Medicago 采用的是一种称为 VLP（virus-like particle，病毒样颗粒）的专利技术。这种技术是模仿病毒外部结构自主装的蛋白结构，采用特定技术制成一类似于流感病毒的空心颗粒，这个空心颗粒中含有来自 H7N9 流感病毒的特异性保护性抗原 HA（血凝素）基因，可以诱导广而强的抗体和细胞免疫反应，但是不含有导致病毒复制和感染的基因材料。这个技术和腺病毒载体技术都无需 H7N7 疫苗株，仅需知道病毒基因序列即可。这个疫苗也是全球首个 H7 VLP 流感疫苗。

2013 年 10 月 26 日，浙江大学联合香港大学宣布成功研发出人感染 H7N9 流感病毒疫苗株（新华网，2013）。相关后续安评和检定结果显示，该疫苗株的致病性较野生型 H7N9 毒株显著下降，各项技术指标均符合流感病毒疫苗株的要求，可供给人感染 H7N9 流感病毒疫苗生产厂家。这是我国自主研发的首例流感病毒疫苗株。该病毒疫苗种子株已通过中国医学科学院医学实验动物研究所新药安全评价研究中心的安全性雪貂评价实验。该联合课题组采用反向遗传技术成功研制出 H7N9 流感疫苗种子株。反向遗传技术可以在 DNA 水平上对病毒基因组进行各种修饰或改造，然后通过拯救病毒的表型变化来判断这些基因操作的效果，从而可以对病毒基因组表达调控机制、病毒致病的分子机制等进行研究。也可以利用反向遗传技术得到基因修饰的疫苗候选株，如选用 H7N9 病毒野毒株的 HA 和 NA 基因，其他 6 个基因来自高度减毒的流感病毒 PR8，将以上 8 个基因分别重组入 PHW2000 载体，并共转染至 Vero 细胞，经装配后产生原代病毒，即流感疫苗种子株。

中国生物技术股份有限公司、北京科兴生物制品有限公司、华兰生物工程股份有限公司三家公司采用的是传统流感疫苗的研制方法，对 H7N9 流感疫苗的研发仍需要经过筛选毒株、决定疫苗形式、决定工艺和流程等步骤，从病原体到生产出疫苗的时间周期最短是 6～8 个月。最后生产阶段一般采用鸡蛋，而非在欧美广泛采用的大规模的生物发酵、蛋白纯化等现代生物技术。

中国台湾的国光生物科技股份有限公司于 2013 年 8 月启动了 H7N9 候选疫苗的动物试验。据该公司网站于 2015 年 1 月 5 日报道，该公司于 2014 年 4 月初开展 H7N9 疫苗二期人体临床试验，且顺利完成，并已提出第三期人体临床试验申请（国光生物科技股份有限公司，2015）。该企业是全球首家报道人用 H7N9 流感疫苗进入临床试验的。

2017 年 2 月，北京天坛生物制品股份有限公司对外宣布其 H7N9 流感疫苗获得临床试验批复。此外，华兰生物工程股份有限公司的 H7N9 流感疫苗已经完成Ⅰ期临床试验，进入Ⅱ期临床筹备阶段；北京科兴生物制品有限公司也已提交了 H7N9 疫苗的临床试验申请。

一个新疫苗从临床前研究到临床试验再到获批上市，须经过很多谨慎的研究、审核环节和足够的时间。目前，我国已获批准上市的流感疫苗均采用传统的灭活或裂解工艺。H7N9 流感病毒疫苗株离批准上市还有很长的路要走，不但要在鸡胚中生产出 H7N9 流感病毒实验疫苗，更需要进行耗时、成本高昂的动物实验、临床实验来检验疫苗的安全性、有效性以及免疫原性。近年来，也有国外疫苗企业采用细胞技术研制出新型流感疫苗，以省去传统灭活或裂解工艺中，鸡胚培养的时间和成本，但尚未大范围应用。

53．人感染 H7N9 流感与感染其他亚型禽流感有哪些不同之处？

流感病毒可分为甲(A)、乙(B)、丙(C)三型。其中，甲型流感依据流感病毒血凝素蛋白(HA)的不同可分为 1～16 种亚型，根据病毒神经氨酸酶蛋白(NA)的不同可分为 1～9 种亚型，HA 不同亚型可以与 NA 的不同亚型相互组合形成不同的流感病毒。禽类特别是水禽是所有这些流感病毒的自然宿主。目前既能感染人又能感染禽的流感病毒主要有 H5、H7、H9 和 H10 亚型。H5N1、H7N9、H10N8 流感病毒感染的临床表现与重症季节性流感临床表现相似，主要表现为重症肺炎，病死率高。人感染 H7N9 流感与重症季节性流感和重症新甲型 H1N1 流感患者有相同的危险因素，如高龄、合并基础疾病等，但人感染 H7N9 流感临床表现更重(曹彬，2015)。

1996—2009 年间，荷兰、意大利、加拿大、美国和英国曾报道人感染甲型 H7 流感病例，病毒亚型分别为 H7N2、H7N3 和 H7N7，临床表现主要为结膜炎与轻型的上呼吸道感染。此前，我国从未发现过 H7 亚型流感病毒感染病例。

H7N9、H1N1 和 H5N1 病毒都是甲型流感病毒，但它们有明显区别。H7N9 和 H5N1 被认为是动物流感病毒，只是偶尔会感染人类。H1N1 病毒可以分为通常感染人类与通常感染动物的两种。不同流感病毒引起的症状表现各不相同，可以表现为呼吸道症状、结膜炎甚至死亡。H7 病毒的大部分感染和家禽中暴发的流感有关，从现有数据来看，H7N2、H7N3 毒力较弱。而人感染高致病性 H5N1 病毒后常表现为高热等呼吸道症状，往往很快发展成肺炎、急性呼吸窘迫综合征和全身器官衰竭，甚至死亡。值得注意的是，H7N9 与 H5N1 有诸多相似之处。从现有的临床表现来看，H7N9 部分病例病情比较重，临床表现、病情程度和 H5N1 相同。不过，H5N1 在禽类中具有高致病性的特征，禽类感染 H5N1 病毒后，就会发病，出现明显病症，知道哪里有动物发病，就可以马上进行扑灭。但 H7N9 对禽类既有低致病性毒株也有高致病性毒株，对于低致病性毒株来说，感染了 H7N9 的禽类，没有发病，或者病症很轻。这也是 H7N9 疫情防范的最大难点。

雪貂动物模型已证实，H7N9 病毒经鼻内接种可在上呼吸道有效复制，并可通过直接接触进行有效传播，通过气溶胶的传播效力较低。实验结果表明，H7N9 病毒在人间的传播能力介于高致病性禽流感 H5N1 病毒以及完全适应人间传播但毒力较低的季节性流感病毒 H3N2 和甲型 H1N1 流感病毒之间。为进一步加深对人感染 H7N9 流感病毒病理机制的认识，由中国工程院院士王辰和李兰娟牵头，对人感染禽流感病毒 A(H7N9)、A(H5N1)和甲型 H1N1 流感住院患者的临床特征进行了分析和比较(Wang C et al.，2014)。该研究纳入了三组研究对象：①2013 年春季高峰发现的 123 例人感染 H7N9 流感病毒住院病例；②我国 2003 年 11 月至 2012 年 2 月和越南 2003 年 12 月至 2009 年 3 月期间报告的人感染 H5N1 禽流感病毒病例，共 119 例；③我国 2009 年底至 2010 年初收治的 3 486 例重症甲型 H1N1 流感住院病例。研究结果显示，人感染 H7N9 流感病毒患者的中位年龄为 63 岁，而人感染 H5N1 禽流感病毒患者为 26 岁，重症甲型 H1N1 流感患者为 25 岁。与人感染 H5N1 禽流感病毒和重症甲型 H1N1 流感患者相比，人感染 H7N9 流感病毒的患者更多为男性。人感染 H7N9 流感病毒患者合并有慢性基础疾病的比例最高。在人感染 H7N9 流感病毒患者中，慢性心脏疾病与住院风险的增加有关。人感染 H7N9 流感病毒和人感染 H5N1 禽流感病毒患者入院时的症状和体征相似，但人感染 H7N9 流感病毒患者更常见发热、咳嗽和咯血。与重症甲型 H1N1 流感住院患者相比，人感染 H7N9 流感病毒和人感染 H5N1 禽流感病毒患者出现白细胞降低、血小板减少、谷丙转氨酶升高、肌酸激酶升高、C-反应蛋白和乳酸脱氢酶水平升高的比例更高。人感染 H7N9 流感病毒患者的住院时长明显高于另两组患者，人感染 H7N9 流感病毒、H5N1 和重症甲型 H1N1 流感患者发病至死亡的中位时间分别为 18 天、11 天和 15 天。季节性流感和新甲型 H1N1 的主要临床表现形式是上呼吸道感染，可自愈。但是，人感染 H5N1、H7N9、H10N8 却主要表现为重症肺炎，病死率高。人感染 H7N9 流感与重症季节性流感和重症新甲型 H1N1 流感患者有一些相同的危险因素，如高龄、合并基础疾病等，但人感染 H7N9 流感临床表现更重。对于患有慢性基础疾病的高危人群感染流感病毒，应针对性接种疫苗预防干预和早期进行抗病毒治疗，但是接种疫苗预防人感染 H7N9 流感尚不成熟。

首都医科大学附属北京佑安医院放射科许少华等(2014)分析 12 例人感染 H7N9 流感(H7N9 组)和 21 例甲型 H1N1 流感重症肺炎患者(H1N1 组)的临床表现、并发症及治疗转归和 CT 影像学资料，结果：H7N9 组基础疾病和进入 ICU(重症加强护理病房)接受治疗的比例均高于 H1N1 组。H7N9 组发病初期伴有呼吸困难和气促、呼吸窘迫综合征的发生率均高于 H1N1 组。H7N9 组患者有创机械通气治疗和死亡率均高于 H1N1 病毒感染组。两组流感患者主要病理表现为肺间质和实质损伤，其基本 CT 影像改变是肺内磨玻璃密度影和肺实变密度影。H7N9 组患者胸腔积液和网格状密度增高表现多于 H1N1 组。结论：与 H1N1 组患者相比，H7N9 组患者基础疾病多、病情进展更为迅猛、并发症更为严重、死亡率更高。CT 检查能客观反映二者的影像特征，有助于指导临床治疗和疗效评估，但仅凭 CT 影像资料不能对二者进行鉴别诊断。

54. 全球范围内哪些地区发生过 H7N9 亚型流感疫情？

自 2013 年 3 月底在上海和安徽两地率先发现人感染 H7N9 以来，截至 2017 年 9 月 5 日，全球已报道 1 589 例人感染 H7N9 病例，其中中国境内共报道 H7N9 确诊病例 1 586 例，分布于中国大陆 27 个省(自治区、直辖市)1 558 例(其中死亡 606 例)和中国香港 21 例，中国台湾 5 例，中国澳门 2 例；中国境外有 3 例，包括加拿大 2 例，马来西亚 1 例。

55. 疾病预防控制中心是否对 H7N9 亚型流感疫区发出旅游警告？

目前，疾病预防控制中心(CDC)并没有对受 H7N9 亚型流感疫区影响的国家或地区发出任何旅行限制的通告。但是 CDC 建议，应避免去往饲养家禽的农场或活禽市场，尽量避免与活禽市场中的动物接触，以及避免接触被家禽或其他动物的粪便污染的任何物体。

56. 公众到 H7N9 亚型流感疫区旅行是否存在危险？

公众到 H7N9 亚型流感疫区旅行虽然存在被感染的风险，但只要注意个人卫生，尽量不接触感染活禽，尽量不与被感染者接触，这种风险是可控的，是可以避免的。目前的流行病学数据表明，仅在局部地区发现少数病例，病例发病后的密切接触者经医学观察未发现续发病例。推测，尽管 H7N9 亚型流感病毒具备比 H5N1 亚型流感病毒更容易从禽类传播到人的能力，但是尚未发现该病毒具有人际间持续传播的能力。不同地区不同情况下，公众感染风险不同，但总体来说，公众感染该病毒的风险仍较低。但也不排除会有人与人之间相互传播的罕见情况发生，现在已有家庭聚集性发病的报道（Yi L et al., 2015）。受感染者多数直接或密切接触过感染活禽或食用生的或未熟的禽肉、蛋或禽血制品。值得一提的是，在家禽中暴发禽流感疫情期间，人与受感染禽类或被感染禽类的分泌物或排泄物污染的物体表面接触存在感染的风险。

57. 如果要去 H7N9 亚型流感疫区旅行需要注意什么？

到已知 H7N9 亚型流感暴发的国家或地区旅行的旅行者在旅行前可以先行前往 CDC 的网页上查询相关的健康建议。条件允许的话可以先接种相关疫苗。需要注意的是，季节性流感疫苗不能预防甲型禽流感病毒感染，但接种该疫苗会一定程度地降低人流感病毒和禽流感病毒合并感染的风险。

目前已有证据提示活禽市场暴露是人感染 H7N9 亚型流感病毒发病的危险因素，携带病毒的家禽及其排泄物、分泌物可能是人感染 H7N9 亚型流感病毒的传染来源。因此，在旅行途中应避免去往家禽农场或活禽市场；尽量避免与活禽市场中的动物接触，以及避免接触被家禽或其他动物的粪便污染的任何物体；不食用未熟的或生的肉类制品。在接触鸟禽类作业时，要穿戴好防护服和特制的呼吸面罩。同时，也要注意个人卫生，养成勤洗手、打喷嚏或咳嗽时掩住口鼻等良好的卫生习惯。当旅行途中遇到身体不适时，应及时前往当地的医院就诊。

旅行结束后，应在 7 天内密切关注自身的身体情况（H7N9 病毒感染的潜伏期一般是 7 天以内）。若有发热及呼吸道症状，应戴上口罩，尽快就诊，切记要告诉医生发病前有无外出旅游或与禽类接触史。应在医生指导下正规治疗和用药。

58. 家禽是否为人感染 H7N9 流感病毒的主要传染源？

目前家禽及所在场所是人感染 H7N9 流感病毒的主要传染源。2013 年 3 月 31 日，我国上海市和安徽省共报告了 3 例由新重配的 H7N9 亚型流感病毒引起的人感染病例，这是全球首次报道的人感染 H7N9 流感病例。关于 H7N9 亚型流感病毒的感染来源，根据对人感染的病例分析，目前大部分人感染 H7N9 亚型流感病例高度散发，尽管出现了一些家庭聚集病例，但是还没有发生有效的人际传播。根据任瑞琦对 634 例病例的分析，有 543 例在发病前两周内有活禽相关暴露史，占 87%，其中曾暴露于活禽市场或市场来源禽的有 81%(440/543)，暴露于家养禽的占 18%(99/543)，暴露于野禽的占 5.5%(3/543)，曾暴露于确诊病例的占 3%(18/634)，有非活禽暴露史的占 1.5%(9/634)，无可疑暴露史的占 6%(41/634)，暴露史不详的占 4%(28/634)（任瑞琪，2015）。张敏等对广东 179 例人感染 H7N9 流感病例分析也发现大部分病例在发病前有明确的禽类暴露史。除病死禽接触史外，暴露于活禽市场是人感染高致病性禽流感的另一个高危因素（张敏等，2015）。

研究提示，活禽市场仍是导致病例感染的重要的暴露场所。人感染 H7N9 流感病例报告之后，农业部门很快在相关活禽市场的禽类中分离到高度同源的病毒，随后卫生部门也在病例相关活禽市场环境样品分离到高度同源的病毒；Chen 等在杭州和湖州病例相关的活禽市场采集的禽类标本中分离到的 H7N9 流感病毒，与从病例体内分离到的 H7N9 病毒株高度同源（同源性超过 99.4%）（Chen Y et al.，2013）；Bao 等也发现，其在病人标本中分离到的 H7N9 病毒，与病人到过的活禽市场的环境标本中分离到的病毒高度同源（Bao C J et al.，2013）。上述都从病原学上证明人的主要感染来源于禽。研究结果提示活禽市场是导致 H7N9 病例感染的重要场所，但对活禽市场中具体的危险因素和危险行为还需开展相关研究予以证实。

试验研究表明，鸡可感染 H7N9 病毒，并能长时间排毒，因此推测鸡是最主要的传染源，是 H7N9 流感病毒的主要宿主，也是传给人的重要宿主。但是农业部门在对家禽养殖场监测未发现规模养殖场 H7N9 流感病毒，仅在从活禽交易市场购回短期育肥的鸡中发现过 H7N9 流感病毒。H7N9 流感病毒从起源来看最早的源头是野禽，但对野禽的流行病学调查，仅仅在上海的麻雀中分离到一株与人 H7N9 流感高度同源的毒株，提示 H7N9 流感目前通过野禽进行传播的可能性很低。根据对活禽市场的监测结果，在活禽交易市场中鸡的 H7N9 流感病毒阳性率最高，所以应加强活禽市场的监管，落实“1110”（一日一清洗、一周一消毒、一月一休市、过夜零存栏）措施。

59．购买家禽会感染 H7N9 流感吗？

不必过分担心购买家禽会感染 H7N9 流感。国家禽流感参考实验室研究结果表明，禽源病毒与从人分离到的病毒不同，从人分离的病毒在两个关键基因位点上发生了突变，这两个位点的突变导致病毒对人的适应并引起人感染发病。通过正规渠道购买的、经过检疫合格的禽肉是安全的，是可以放心食用的。虽然目前尚不完全清楚 H7N9 病毒的传播途径和机理，但所有流感病毒的抵抗力都非常弱，高温可以杀灭病毒，只要在加工时烹调熟透，禽肉是不会携带病毒的。建议从正规的市场、超市购买禽类产品，加工、保存时要注意生熟分开，接触禽类或禽类产品后立即洗手，不吃病死的家禽。此外，我们建议消费者逐渐养成更加科学安全的饮食习惯，尽量购买正规禽类屠宰加工企业生产的冰鲜产品，减少因屠宰家禽造成感染的风险（李兰娟，2015）。

60.宰杀、处理家禽或鸡蛋，食用家禽或鸡蛋会导致人感染 H7N9 亚型流感吗？

吃正常处理和烹调的家禽或者鸡蛋是安全的。目前认为，H7N9 流感病人是通过直接接触禽类或其排泄物污染的物品、环境而感染。流感病毒在足够热的情况下会失去活性，以正常温度烹调食物（食物应以至少 70℃ 均匀加热）可杀死病毒。但病死动物或发现时已经死亡的动物不可食用。病毒可以通过鸡蛋传播，无疫情发生的地方，鸡蛋是不会携带病毒的，在疫区的鸡蛋有可能被感染上病毒，因此，鸡蛋应煮熟了或煎熟了再吃。鸡蛋煮沸 5～10 min 后，可以完全灭活流感病毒，鸡蛋可以安全食用。但在加工过程中要注意风险。在食用鸡蛋时，注意蛋壳外部的卫生。鸡蛋外壳有可能受到污染，因此在加工鸡蛋时，要先清洁蛋壳；打鸡蛋时，不要让蛋壳掉落进去；加工鸡蛋后，要彻底清洁双手。

61. 当在 H7N9 亚型流感疫区旅行时感到身体不适应该怎么做？

在 H7N9 亚型流感疫区旅行时感到身体不适，有高烧、咳嗽、咽痛和呼吸困难等流感样症状，应暂缓旅行，戴上口罩，尽早到就近的医疗机构发热门诊就诊，切记要告诉医生有无禽类接触史，听从医护人员的指导安排，科学规范地治疗。

62. 从 H7N9 亚型流感疫区旅行回来后需要去医院进行检查吗？

从 H7N9 亚型流感疫区旅行回来后，10 天之内如果出现高烧、咳嗽、咽痛和呼吸困难等流感样症状应及时去医院进行检查；10 天之内无身体不适则无须去医院。

63. 公众可以通过什么途径了解 H7N9 亚型流感病毒的最新发展情况？

H7N9 亚型流感病毒发展情况随时在变，不同季节有不同的发病情况。公众可通过下列几种途径随时了解人感染 H7N9 流感疫情最新动态。登录各省（自治区、直辖市）疾病预防控制中心网站，可了解本省（自治区、直辖市）人感染 H7N9 疫情的最新动态。登录中国疾病预防控制中心网站健康主题（http://www.chinacdc.cn/jkzt/crb/zl/rgrgzbxqlgg/），可以了解我国人感染 H7N9 亚型疫情的最新动态。登录世界卫生组织网站（http://www.who.int/en/），可了解全球各地人感染 H7N9 的最新暴发新闻。也可通过微信关注各省（自治区、直辖市）疾病预防控制中心公众号，随时随地获得本省（自治区、直辖市）内人感染 H7N9 流感疫情的实时科普性报道。

64. 处理或购买 H7N9 亚型流感疫区出产的羽制品是否存在感染风险？

目前并未发现人因处理或购买羽制品感染 H7N9 流感病毒事件。但却发现在宰杀活禽的脱毛机及其周围空气中含有 H7N9 等流感病毒的报道（Zhou J et al.，2016）。研究人员还发现，在被同样是高致病性的 H5N1 流感病毒感染的野天鹅羽毛根部，有活病毒存在；在羽毛毛囊壁表皮细胞内能检测到病毒抗原；在羽毛表皮细胞内可发现高致病流感病毒的复制（Yamamoto Y et al.，2009）。在被感染的水禽如鸭和鹅（Yamamoto Y et al.，2008）、家禽如鸡的羽毛中（Chaves A J et al.，2011），也发现高致病性 H5N1 流感病毒的存在。家禽还可通过衔食携带病毒的羽毛被感染（Nagy A et al.，2007）。工人处理或加工来源于病死禽的羽毛也存在着被感染的高风险，2006 年阿塞拜疆共和国就曾经发生过 7 名工人在制作羽毛枕头时，被携带 H5N1 病毒的羽毛感染，并导致 4 人死亡的事件(Gilsdorf A et al. ,2006)。

因此,处理或购买 H7N9 亚型流感疫区出产的羽制品存在着被感染风险(Mumford E et al. ,2007)。但如果是经过消毒、高温等多个物理和化学过程处理的羽制品,其病毒已被灭活、不具备感染性,对人类是安全的。虽然美国政府明令禁止从有疫情的国家进口鸟类或鸟类产品,但如果这些产品经过正确的病毒灭活处理并经美国农业部门检定合格后,也可进入美国境内。

65. 公众怎样预防 H7N9 亚型流感?

根据人感染 H7N9 亚型流感病例的流行病学和病原学研究结果,人感染 H7N9 亚型流感以偶发为主,呈散发状态,每年冬春季为易发、多发期;禽类/活禽市场暴露是人感染和发病的危险因素;当前流行特征和病原学生物特性分析,禽流感病毒未获得人传人能力,因此,公众要有正确的风险认识,并形成正确的疾病预防行为。

普通公众应尽量避免接触活禽和被活禽粪便或分泌物污染的表面,避免从活禽市场购买活禽自行屠宰或自养,并养成良好的卫生习惯,勤洗手,咳嗽和打喷嚏时要用手绢或纸巾捂住口鼻等。

公众中的高危人群,包括:禽类养殖场、散养户、屠宰场、批发及交易市场等的禽类饲养、捕捉、屠宰、储藏、运输、交易和经营人员以及宠物禽养殖人员,除了养成良好的卫生习惯外,工作过程中应当配备个人防护用品,采取必要的防护措施,并不得在经营档口内食宿。活禽经营从业人员还要落实市场卫生管理要求和健康防护措施,定期对市场环境进行清洁消毒,实施废弃物和病死禽只无害化处理和休市制度,避免因 H7N9 亚型流感病毒污染市场环境给大众带来感染风险。

66. 疾病预防控制中心等相关部门是否针对 H7N9 亚型流感进行监测?

各级疾病预防控制中心(CDC)根据人感染 H7N9 亚型流感防控的需要,不仅在季节性流感监测和严重的急性呼吸道感染监测网络中加强了 H7N9 亚型流感的监测,而且针对活禽零售和批发市场环境和屠宰工具等开展了 H7N9 亚型流感病毒污染状况的监测,以便及时发现人感染 H7N9 亚型流感病例,为风险评估提供科学依据。

另外,农业部门也针对禽类养殖场、活禽批发和零售市场中的活禽开展了 H7N9 亚型流感的监测和风险评估。

67. 如何做好人感染 H7N9 流感病毒的风险评估?

2013 年 3 月 31 日,我国首次确诊了新型 H7N9 流感疫情后,及时向世界卫生组织(WHO)通报了首例记录在案的人感染甲型 H7N9 流感病毒病例。在发病地区,关闭了被迅速认定为主要传染源的活禽交易市场,加强了人群和家禽监测,快速更新和分发了技术指南。有关卫生部门与 WHO 协作进行风险评估和风险沟通,新病例得到迅速公开的报告,及时发布基本信息,可有效降低群众关注度,缓解恐慌。各省(自治区、直辖市)在疫情发生后采取应急预案,并及时对本省(自治区、直辖市)疫情形势开展风险评估。及时公开的风险评估能够使医务工作者了解疫情形势;风险提示和风险管理意见对指导专业人员工作方向有积极意义,对社会群众能够起到健康教育的作用。我国的所有病例基本信息、采取的措施都及时报告 WHO;从临床病例和禽类相关环境分离到的 H7N9 病毒核酸序列,及时传到全球共享的医学信息网。WHO 在疫情发生后的一个月内,对我国疫情开展了流行病学的评估,并对病例的救治进行指导。这些合作有利于进一步提高我国应对新型流感疫情的处置能力。

由于禽流感涉及多个部门，尤其是兽医和人医之间的及时沟通，动物疫情监测信息和人类疫情监测信息的共享公开，另外还涉及活禽市场的管理。

在此次疫情中，我国科学家及时鉴定了病毒亚型、来源、序列特征等，及时调查分析了疾病的流行特征，临床特征及其影响因素，并将疫情和病毒信息向全球公布，使全球生物学家和医学家共同参与了这场突如其来的疫情，对疾病的发展趋势做了大量研究，为今后全球抵御流感大流行奠定了良好基础。

风险评估是进行风险管理的核心环节，风险评估工作已成为预警、评价突发公共卫生事件的一种有效手段。通过开展疫情风险评估，分析研判疫情形势，为下一步疫情防控工作的科学决策提供依据。

68．人感染 H7N9 流感的流行特征如何？

2013 年 3 月，上海市和安徽省发现人感染新型甲型 H7N9 流感病毒病例，在全球范围内首次发现新的基因型，疫情在两个月内迅速波及 10 余省份。截至 2017 年 9 月 5 日，全球已报道 1 589 例人感染 H7N9 病例，其中中国境内共报道 H7N9 确诊病例 1 586 例，分布于中国大陆 27 个省份 1 558 例(其中死亡 606 例)和中国香港 21 例，中国台湾 5 例，中国澳门 2 例；中国境外有 3 例，包括加拿大 2 例，马来西亚 1 例。2016 年下半年以来，与既往同期相比，发病水平大幅上升，呈现高度散发、点多面广的特点，疫情向农村转移趋势明显。

人感染 H7N9 流感病毒潜伏期一般为 7 天以内，患者一般表现为流感样症状，如发烧、咳嗽等，重症患者病程发展迅速，表现为重症肺炎、意识障碍、多器官衰竭，从而导致死亡。此次人感染的 H7N9 流感病毒来源于禽类，在活禽交易市场的鸡、鸭、鹅及鸽子等禽类均可以检测到 H7N9 流感病毒，其中鸡的阳性检出率最高。

H7N9 病毒变异后与 H5N1 禽流感病毒类似，对鸡有较高的致死率。它早期在鸡体内仅为弱毒性，禽类是主要的携带者，但不发病，感染人后可引起严重的后果。从流行病学调查来看，大多数患者曾经有过活禽接触史。我国部分地区通过关闭禽类交易市场及扑杀可能感染的禽类，极大地降低了疾病的蔓延和发病率，这也从流行病学角度间接证明禽类为人类感染 H7N9 流感的主要传染源，而活禽交易市场则是一个重要的暴露场所。

人感染 H7N9 流感病毒的发病高峰期为冬春季节。冬春季节气温较低，更适合病毒生存，而且冬春季节冷空气频繁活动，稍不注意，就会给病毒以可乘之机。通过对市场禽群的流行病学调查发现，禽群中第一季度病毒阳性率最高，禽群中 H7N9 流感病毒的流行时间与人的感染情况相吻合。暂时没有证据表明 H7N9 流感病毒通过人传人的方式传播。

69. H7N9 流感病毒是否在人类中存在隐性感染？

H7N9 流感病毒在人类中存在隐性感染的情况。2013 年 3 月 31 日，我国上海和安徽报告了 3 例由新的重配的 H7N9 亚型流感病毒引起的人间感染病例，这是全球首次报道的人感染 H7N9 流感病例。此后发病的病例中有重症病例、轻症病例和无症状病例。2013 年发生人感染 H7N9 流感病例后，国家流感中心曾对采集自东部省份禽相关职业人员 34 人的血清进行检测，未发现有曾感染 H7N9 亚型流感病毒的证据。但是 2013 年 4—5 月在浙江和 2013 年 4—12 月在深圳开展的血清学研究结果显示，禽相关从业人群中 H7N9 亚型流感病毒抗体的滴度水平高于普通人群，同时两个研究均未在普通人群中检测到抗体滴度升高，提示禽相关从业人员是人感染 H7N9 流感发病的高危人群，且禽相关从业人员中可能有部分未被发现轻症病例存在。根据报道也发现了 4 例仅表现出流感样症状的禽相关从业人员病例。

对浙江、上海、山东、湖南、广西、广东、福建、北京和安徽等 9 个省（自治区、直辖市）24 例儿童病例的分析结果表明（吕勇等，2015），儿童病例均为轻症病例，主要临床症状为发热、咳嗽和咽痛等流感样症状，除部分病例出现肺炎外均无并发症，无重症和死亡病例，奥司他韦等药物治疗有效，说明人感染 H7N9 流感病毒感染儿童的临床表现较成人明显温和。

70. 人感染 H7N9 流感与人感染 H5N1 禽流感、严重急性呼吸综合征(SARS)、细菌性肺炎等疾病如何进行鉴别诊断?

按照 2008 年 5 月发布的《人感染禽流感诊疗方案(2008 年版)》和 2014 年 4 月发布的《人感染 H7N9 流感诊疗方案(2014 年版)》中的标准,根据流行病学接触史、临床表现及实验室检查结果,可做出人感染 H5N1 或 H7N9 流感的诊断。在流行病学史不详的情况下,根据临床表现、辅助检查和实验室检测结果,特别是从患者呼吸道分泌物标本中分离出禽流感病毒,或禽流感病毒核酸检测阳性,或动态检测双份血清禽流感病毒特异性抗体阳转或呈 4 倍或以上升高,可做出人感染禽流感的诊断。

主要依靠病原学检测将人感染 H7N9 流感与其他的不明原因肺炎进行鉴别,如季节性流感(含甲型 H1N1 流感)、细菌性肺炎、严重急性呼吸综合征(SARS)、新型冠状病毒肺炎、腺病毒肺炎、衣原体肺炎、支原体肺炎等疾病。

病原学及相关检测必须采集抗病毒治疗之前呼吸道标本(如鼻咽分泌物、口腔含漱液、呼吸道分泌物、气管吸出物)送检。气管深部咳痰或气管吸出物检测阳性率高于上呼吸道标本。有病原学检测条件的医疗机构应尽快检测,无病原学检测条件的医疗机构应留取标本尽快送指定机构检测。病原学检测包括以下四类方法:

(1)核酸检测　对可疑患者呼吸道标本采用荧光 RT-PCR(或普通 RT-PCR)检测 H7N9 流感病毒核酸,在人感染 H7N9 流感病毒病例早期识别中宜首选核酸检测。对重症病例应定期行呼吸道分泌物核酸检测,直至阴转。有人工气道者优先采集气道内吸取物(ETA)。

(2)甲型流感病毒抗原检测　呼吸道标本甲型流感病毒抗原快速检测阳性。仅适用于没有核酸检测条件的医疗机构作为初筛实验。

(3)病毒分离　从患者呼吸道标本中分离 H7N9 流感病毒。

(4)动态检测　急性期和恢复期双份血清 H7N9 流感病毒特异性抗体水平呈 4 倍或以上升高。

71. 人感染 H7N9 流感病毒的标本采集与实验室检测方法是什么？

根据国家卫生和计划生育委员会 2013 年 4 月颁布的《人感染 H7N9 流感疫情防控方案》(第一版)的要求，医疗机构应当及时采集病例的相关临床样本，标本采集、保存、运送与实验室检测按照《人感染 H7N9 流感病毒标本采集及实验室检测策略》进行。

标本采集种类：采集的临床标本包括病人的上呼吸道标本(包括咽拭子、鼻拭子、鼻咽抽取物、咽漱液和鼻洗液)、下呼吸道标本(如气管吸取物、肺洗液、肺组织标本)和血清标本(发病 7 天内急性期血清以及间隔 2～4 周的恢复期血清)。如病人死亡，应当尽可能说服家属同意尸检，及时进行尸体解剖，采集组织(如肺组织、气管、支气管组织)标本。应当尽量采集病例发病早期的呼吸道标本(尤其是下呼吸道标本)。为避免标本反复冻融，保证标本检测质量，采集的呼吸道标本每份分为 3 管，每管不少于 1 mL。血清标本每份分为 2 管，每管不少于 0.5 mL。并填写不明原因肺炎病例/聚集性病例标本送检表。

标本采集主要器材和试剂：①拭子：WHO 及美国 CDC 规定，鼻咽拭子采集只能用塑料杆的涤纶或人造棉拭子(如常用的聚酯纤维拭子)，不能用藻酸钙拭子或木杆拭子，因可能使某些病毒失活或抑制 PCR；脱脂棉含有荧光物质，影响实时荧光定量 PCR 结果。②压舌板。③3 mL Hank's 液螺口采样管。④封口袋。⑤冷藏运输包。⑥油性标记笔或标签纸。⑦样品登记表。⑧真空采血管。⑨个人防护装备。

标本采集方法：鼻咽拭子采样是流感病原学监测中的一个重要环节，操作简单，但在流感监测工作中却极为重要。标本采集的时间、位置及质量对能否分离到病毒或提取到有活性的 RNA 至关重要，而标本保存与运输不当，也会影响病毒的分离。为提高病毒的分离率，在用于病毒分离样品的采集数量、类型和地点方面，实验室技术人员应与流行病学人员达成共识。一般来说，用于病毒分离的样品应与血样同时采集，以便进行血清学诊断。①鼻拭子：采集标本时，嘱咐病人头部尽量保持不动，将聚酯纤维头拭子轻轻转动缓缓插入病人鼻孔至腭部(注意：不可太用力，但要尽量深，通常 5 cm 以上)，停留数秒吸取分泌物，轻轻旋转取出拭子，置采样管折断手接触部位的塑料柄，使拭子浸泡至采样液中，旋紧管盖。②咽拭子：嘱咐病人放松，发“啊”声，立即用压舌板压住病人舌前 2/3，聚酯纤维头拭子适度用力多次抹擦悬雍垂(腭垂或小舌)后部咽后壁及双侧扁桃体，避免触及舌部，取出后置采样管，折断手接触部位的塑料柄，使拭子浸泡至采样液中，旋紧管盖。(切记：咽拭子与鼻拭子采到一个 Hank's 管(2～3 mL)。如商品化采样管液体过多，采样前倒掉一部分，以提高病毒浓度及阳性率。聚丙烯拭子采样前不需用生理盐水湿润，以吸收更多的分泌物。)③漱口液标本：在病人发热 72 h 内尽早采集。先让病人咳嗽几声，将 5～10 mL 无菌生理盐水(不含青霉素)倒入病人口中，让病人头向后倾并发出“噢”的声音，反复几次。将漱口液吐入 50 mL 带垫圈的螺口塑料离心管中，旋紧管盖。④尸检组织标本：病人死亡后应尽早进行解剖，采集肺、气管、肾、脾、肝、心脏、脑、血凝块等组织和淋巴结等重要器官标本。每一采集部位分别使用不同消毒器械；每种组织应多部位取材，每部位应取 20～50 g，淋巴结 2 个，分别置于 50 mL 带垫圈的无菌螺口塑料管中，立即置于－70℃以下保存或冷藏(4～8℃)送至有关实验室。尸检组织标本对于病原学研究非常重要，应尽量多采集。

标本的保存、运送：①标识：用油性记号笔或标签纸在采样管上标记标本名称、姓名、编号等；②包装：符合生物安全相关规定所采集的标本首先用封口袋密封，周围最好包裹吸水缓冲材料，用第二个封口袋再次密封，放入带冰排的标本运输箱；③填写“不明原因肺炎病例/聚集性病例标本送检表”，送检表用另一个封口袋密封，不要与标本放到一起；④于 24 h 内送当地国家流感监测网络实验室检测，最迟不超过 48 h，如果有－70℃冰箱，可长期保存。

实验室检测方法包括如下三类：

(1)血常规　白细胞总数一般不高或降低。重症患者多有白细胞总数及淋巴细胞减少，并有血小板降低。

(2)血生化检查　多有肌酸激酶、乳酸脱氢酶、天门冬氨酸氨基转移酶、丙氨酸氨基转移酶升高，C-反应蛋白升高，肌红蛋白可升高。

(3)病原学检测

核酸检测：对患者呼吸道标本(如鼻咽分泌物、口腔含漱液、气管吸出物或呼吸道上皮细胞)采用荧光 RT-PCR(或 RT-PCR)检测到 H7N9 流感病毒核酸。

病毒分离：从患者呼吸道标本中分离 H7N9 流感病毒。

从患者呼吸道分泌物标本中分离出 H7N9 流感病毒，或 H7N9 流感病毒核酸检测阳性，可以诊断。

参考文献

曹彬. 2015. 人禽流感 H7N9、H5N1、H10N8 临床特征[J]. 生命科学，27(5)：549-553.

陈清扬. 2013. 对 H7N9 人感染禽流感事件的经济学认识[J]. JSRE 论坛，338：69-70.

龚震宇，陈恩富，吕华坤，等. 2014. 人感染甲型 H7N9 禽流感疫情及动物源性疾病防控分析[J]. 中国公共卫生，30(1)：35-37.

国光生物科技股份有限公司. 国光 H7N9 疫苗将迈入三期临床研发进度超前 防疫无空窗[EB/OL]. [2015-1-5]. http://www.adimmune.com.tw/news.php?act=view&no=101.

国家卫生与计划生育委员会. 2013. 人感染 H7N9 禽流感疫情防控方案(第一版)[M]. 北京：国家卫生与计划生育委员会，1-5.

李兰娟. 2015. 人感染 H7N9 禽流感 [M]. 北京：科学出版社.

李艳芳，杜为公. 2013. H7N9 禽流感对我国经济的间接影响分析——基于对钟祥、安陆等县(市)的实证研究[J]. 武汉工业学院学报，32(3)：119-121.

刘剑，陈东，刘德海，等. 2014. 我国 H7N9 禽流感疫情不同发展阶段的政府防控措施分析[J]. 新医学，45(1)：5-8.

吕勇，周蕾，耿兴义，等. 2015. 中国内地 24 例人感染 H7N9 禽流感儿童病例流行特征分析[J]. 疾病监测，30(7)：570-573.

任瑞琦. 2015. 人感染 H7N9 禽流感流行病学特征及发病危险因素研究[D]. 中国疾病预防控制中心.

寿钧，周晓红，何玉芳，等. 2013. 杭州市下城区 4 例人感染 H7N9 禽流感病例的临床与流行病学特征分析[J]. 疾病监测，28(8)：657-659.

新华网. 中国科学家首次成功研发人感染 H7N9 禽流感病毒疫苗株[EB/OL]. [2013-10-26]. http://news.xinhuanet.com/health/2013-10/26/c_117884662.html.

许少华，李宏军，李宁，等. 2014. 人感染 H7N9 禽流感与甲型 H1N1 流感重症肺炎的临床及 CT 影像比较[J]. 放射学实践，29(7)：756-759.

杨正时. 2014. 人感染 H7N9 禽流感的流行病学分析研究[J]. 中国微生态学杂志，26(8)：962-

967.

张敏,李伟权. 2015. 广东省人感染 H7N9 禽流感流行特征与防控对策[J]. 公共卫生与预防医学,26(6):5-9.

BUSINESS WIRE company. H7N9:Greffex "Beats the Clock" to Build the First Comprehensive H7N9 Vaccine [EB/OL]. [2013-5-1]. http://online. wsj. com/article/PR-CO-20130501-905066. html? mod=googlenews_wsj.

Chaves A J, Busquets N, Campos N, et al. 2011. Pathogenesis of highly pathogenic avian influenza A virus (H7N1) infection in chickens inoculated with three different doses[J]. Avian Pathol, 40(2): 163-172.

Gilsdorf A, Boxall N, Gasimov V, et al. 2006. Two clusters of human infection with influenza A/H5N1 virus in the Republic of Azerbaijan, February-March 2006[J]. Euro Surveill, 11(5): 122-126.

Mumford E, Bishop J, Hendrickx S, et al. 2007. Avian influenza H5N1: risks at the human-animal interface[J]. Food Nutr Bull, 28(2 Suppl): S357-363.

Nagy A, Machova J, Hornickova J, et al. 2007. Highly pathogenic avian influenza virus subtype H5N1 in Mute swans in the Czech Republic[J]. Vet Microbiol, 120(1-2): 9-16.

Wang C, Yu H, Horby P W, et al. 2014. Comparison of patients hospitalized with influenza A subtypes H7N9, H5N1, and 2009 pandemic H1N1[J]. Clin Infect Dis, 58(8): 1095-103.

WHO. Frequently Asked Questions on human infection caused by the avian influenza A(H7N9) virus. [EB/OL]. [2014-2-14]. http://www. who. int/influenza/human_animal_interface/faq_H7N9/en/.

Yamamoto Y, Nakamura K, Okamatsu M, et al. 2008. Detecting avian influenza virus (H5N1) in domestic duck feathers[J]. Emerg Infect Dis, 2008, 14(10): 1671-1672.

Yamamoto Y, Nakamura K, Yamada M, et al. 2009. Zoonotic risk for influenza A (H5N1) infection in wild swan feathers. J Vet Med Sci, 71(11): 1549-1551.

Yi L, Guan D, Kang M, et al. 2015. Family clusters of avian influenza A H7N9 virus infection in Guangdong Province, China[J]. J Clin Microbiol, 53(1): 22-28.

Zhou J, Wu J, Zeng X. 2016. Isolation of H5N6, H7N9 and H9N2 avian influenza A viruses from air sampled at live poultry markets in China, 2014 and 2015[J]. Euro Surveill, 21(35).

第四章　H7N9 流感的防控

72. H7N9 亚型流感病毒存在于哪里?

了解 H7N9 亚型流感病毒存在的场所将有助于人们有针对性地防控 H7N9。大量研究数据表明,活禽交易市场是 H7N9 病毒存在的主要场所,另外在家禽产品中也可能存在 H7N9 病毒,如冷冻的禽肉、未加工过的禽蛋等。烹饪过的家禽产品中即使有 H7N9 病毒,也不具有感染人的风险。养殖场、野禽栖居地、活禽运输工具、家禽屠宰场等地也可能贮藏有 H7N9 病毒,但科学的防控措施可有效降低 H7N9 病毒载量,减少感染人的风险。

73. 如何切断 H7N9 流感的传播途径?

(一)养殖场

养殖场切断 H7N9 流感病毒的传播途径主要有以下几方面:①严格日常消毒,对进出养殖场的车辆、场区周围环境、孵化厅(器)、禽舍笼具、器械用具及服装鞋帽等进行严格消毒。②严格采用"全进全出"的饲养模式,严禁活禽交易市场未售出家禽返场,严禁未经检疫或未经隔离观察的种禽和禽苗进场混群饲养,实行养殖场封闭化管理,尽量避免野生禽鸟与家禽接触。③严格控制人员流动,饲养管理人员相对固定,尽量减少进出养殖区域的次数。严格控制外来人员进入养殖区域。所有进出人员都要严格消毒,并采取完善的防护措施。④定期开展 H7N9 病原学和血清学监测，对发生疫情或不明原因死亡异常增多现象，应及时上报。

（二）活禽交易市场

目前认为活禽交易市场是 H7N9 流感病毒传播的重要场所，有效切断活禽交易市场 H7N9 流感病毒的传播途径，是降低人感染 H7N9 流感病毒风险的有效措施。首先，政府应制定相应的管理办法，明确部门职责；其次，确定活禽交易市场开办原则与要求；第三，实施联合执法，规范交易行为。工商、农业、商务、城市管理等政府行政部门联合执法，确保交易市场活禽经营者具备经营资格，所销售的活禽具有检疫合格证，经营场所符合卫生、环境保护等要求。《广东省家禽经营管理办法》规定，活禽经营区域应当与其他农产品经营区域分开，活禽销售区、宰杀区、消费者之间应当实施物理隔离。活禽经营市场应当实行：一日一清洗、一周一消毒、一月一休市、过夜零存栏制度以及废弃物和病死禽只无害化处理制度。活禽经营者进行交易、运输和宰杀过程中，应当按照卫生主管部门的相关要求配备个人防护用品，采取必要的防护措施，活禽销售人员和宰杀人员应当有明显的区分标志。推行家禽“集中屠宰、冷链运输、冰鲜上市”的方法，减少人员接触活禽的机会（张毅等，2013）。

（三）个人防护

个人预防 H7N9 流感的措施包括以下几点：①做好个人防护，加强体育锻炼，养成良好的个人卫生习惯，均衡营养，保证充足的睡眠和休息，室内勤通风换气。②尽量避免去人群拥挤、通风不畅的场所；远离咳嗽、打喷嚏患者；当出现打喷嚏、咳嗽等呼吸道感染症状时，要用纸巾、手帕掩盖口鼻，预防感染他人。③手可作为媒介传播疾病，因此要做到勤洗手，在准备食物前后、饭前便后、处理动物及其垃圾后等均应用水冲洗，尤其是接触过公共物品后要先洗手再触摸自己的眼、鼻、口。④尽可能减少与禽类不必要的接触，应尽量避免接触野生禽鸟或进入野禽栖息地，尤其是与病、死禽的接触；远离家禽的分泌物，接触过禽鸟或禽鸟粪便，要注意用消毒液和清水彻底清洁双手。⑤应尽量到正规的销售场所购买经过检疫的禽类及禽类产品。⑥生熟食物要分开处理，当手部有破损处理肉类时，建议佩戴手套。⑦禽类食品要煮熟，不吃半生鸡蛋和禽肉。由于禽流感病毒普遍对热敏感，对低温抵抗力较强，56℃加热 30 min

或煮沸(100℃)2 min 以上可将其灭活，因此进食熟的禽肉是安全的，食用鸡蛋时蛋壳应用流水清洗，烹调加热应充分。⑧不要轻视重感冒。人感染 H7N9 流感的症状与季节性流感相似，如发烧、头痛、咳嗽及喉咙痛等，因此，若出现发热、头痛、鼻塞、咳嗽、全身不适等呼吸道症状时，应戴上口罩，尽快到医院就诊，并告知医生自己发病前是否与禽类接触等情况，并在医生指导下治疗和用药(毛青，2013)。

74. H7N9 流感的消杀措施有哪些？

H7N9 流感病毒与其他有囊膜病毒一样，对外界的抵抗力不强，对高温、紫外线和各种消毒剂均敏感。一般的消毒剂都可以很快灭活病毒，破坏其传染性(梁文涛等，2006)。消杀的主要措施分为物理消杀、化学消杀和生物性复合消杀等方法。

(一)物理消杀方法

(1)高温　流感病毒在 56℃加热 30 min、60℃加热 10 min 或煮沸(温度达 100℃)2 min 即丧失活性(梁文涛等，2006)。只要将进食的禽肉、蛋类彻底煮熟，流感病毒就没有可能感染到人。在高温灭杀流感病毒的实际应用中，还有诸如焚烧、高温化制等消杀方式，主要应用于病死禽的无害化处理。

(2)紫外线　紫外消杀是一种纯物理的消杀方式，通过紫外线照射破坏及改变流感病毒的 RNA 结构，从而达到杀灭病毒的作用。研究表明，在直射的阳光下，40～48 h 即可灭活病毒，紫外线消毒 45 min 以上可有效杀灭病毒。紫外消毒唯有在被消毒物品表面清洁无遮挡物，同时紫外灯距离消毒物品表面距离非常近的时候才是有效的(de Benedictis P et al.，2013)。因此，多应用在实验室和养禽场入口等位置。

(3)电离辐射　电离辐射消毒主要针对病毒 RNA 而非病毒蛋白，电离辐射、超热中子，特别是 γ 射线会更容易穿透大多数生物及非生物材料。电离辐射消杀广泛用于实验室、生化试剂生产及临床仪器消毒(de Benedictis P et al.，2013)。

(二)化学消杀方法

(1)碱类　碱类主要作用原理在于 OH^- 可使微生物蛋白变性。氢氧化钠(火碱)广泛应用于禽舍和相关辅助设施的消毒。在深埋处置病死禽只时也多用氢氧化钠做表面消毒。

(2)氯及衍生物　氯由于氧化能力很高,因此一般可使肽链和蛋白质氧化变性从而达到消毒作用。消毒原理为在酸性 pH 环境下,氯会产生次氯酸,研究表明其对禽流感病毒有一定消杀效果。

(3)臭氧　臭氧(O_3)是氧(O_2)的同素异构体,是一种强氧化剂,在消毒学上属于过氧化物类消毒剂。臭氧可破坏囊膜病毒外膜蛋白中的不饱和键,这种生化作用的传递几乎是瞬时的,从而可以快速灭活囊膜病毒。高能态臭氧可以在短时间内灭活体外的禽流感病毒,使其100%丧失侵染的能力,并获得了完全阻断禽流感病毒空气传播的效果。臭氧消杀目前多应用于实验室,养禽场因其生态复杂性,消杀效果有待验证。

(4)醛类　醛属于有机化合物,目前市面常用的有戊二醛和福尔马林。其主要作用原理是使蛋白质变性从而发挥作用。戊二醛被广泛用于医疗器械的消毒。福尔马林常与高锰酸钾等合用用于鸡舍空栏熏蒸消杀。

(5)酚类化合物　酚类化合物由酚合成,高浓度使用时,可特异地使蛋白变性并沉淀。常与卤代酚联合使用以增强效果。

(6)季铵类化合物　季铵类化合物属于阳离子化合物,含有 NH_4^+。一般该消毒剂对所有的囊膜病毒均有效。季铵类化合物可结合有机质和皂类,但在消毒前须清洁及冲洗消毒物品表面(de Benedictis P et al.,2013)。

(7)酒精　酒精可抗禽流感病毒和其他囊膜病毒。在浓度高于50%时消毒效果较好。不适用于鸡场的大范围消毒,仅限于人员和实验室消毒。

(三)生物性复合消杀方法

(1)堆肥消杀　主要利用多种微生物的作用,将有机残体进行矿质化、腐殖化和无害化,同时利用堆积时所产生的高温(60～70℃)来杀死病菌、虫卵,达到无害化的目的。对养禽场可能受污染的饲料、粪便在指定地点堆积,表面消毒后彻底密封发酵。

(2)自然发酵消杀　自然发酵是将病死禽尸体及其产品投入加有消毒剂

的无害化池中，促进自然发酵、分解，以消灭传染源，阻止病原扩散。

(3)高温菌种发酵消杀　采用有机废弃物处理机(高温)，自动将畜禽尸体分切、绞碎、发酵、杀菌、干燥，加入耐高温微生物菌种并与木屑或豉皮等混合发酵，杀灭病毒的同时，生产有机肥。

75. 养殖场如何防控 H7N9 流感?

(一)严防野禽、鼠类等进入禽舍

同一养禽场内只能饲养一种类型的家禽，严禁鸡、鸭、鹅、鸽子及野生鸟类混养，在禽场内不饲养狗、猫等宠物；生活区、生产区和污染区三大功能区之间设立隔离带，定期严格消毒(孙银锁，2011)。

(二)避免应激

在清扫、消毒、免疫等过程中降低对禽的刺激，避免过热、过冷、饥渴、惊吓等应激反应，影响免疫系统，使之容易继发疫病。

(三)实施封闭管理

所有进场人员必须认真遵守防疫制度，进场人员必须洗澡淋浴，更换经消毒的干净工作服。进入或离开每栋鸡舍时，工作人员必须要清洗消毒双手和鞋靴，携带入舍的器具和设备都必须经过彻底清洗和消毒之后方可带入禽舍，舍内工具固定，不得互相串用(孙银锁，2011)。装运饲料、健康禽及其产品的运载工具进出养禽场时，机械清除干燥后用消毒剂喷洒；装运病原污染的禽及其产品的运载工具，应先消毒剂喷洒，然后机械清除，再用含 3%～4%有效氯的漂白粉或 2%～3%氢氧化钠溶液洗涤，30 min 后再重复进行一次上述消毒过程。

(四)加强营养，提升抵抗力

根据不同日龄禽只的生长、发育特点，采用合适的饲料，定期、有计划、有针对性地配给保健草药，以增强体质，使禽只健康、高效、快速生长(孙银锁，2011)。

(五)“全进全出”措施

养殖场实行全进全出制度，每栋圈舍禽全群移出后，在新进禽前，必须对圈舍及用具进行全面彻底的清扫、冲洗、消毒。在禽全部出栏后，用3%～5%氢氧化钠溶液或常规消毒液喷洒消毒一次，如果有寄生虫须加用杀虫剂。对可拆卸的用具如食槽、水槽、笼具等，在专门清洁区进行清洗消毒。对排风扇、通风口、天花板、横梁、吊架、墙壁等部位的积垢进行清扫，然后清除所有垫料、粪便，清除的污物集中处理。对喂料器、饮水器、供热及通风设施、笼养圈舍等特殊设备必须完全剔除残料、粪便、皮屑和羽毛等有机物，再用压力泵冲洗消毒。消毒应按一定顺序进行，一般从离门远处开始，按墙壁、顶棚、地面的顺序依次喷洒一遍后，再由内向外将地面重复喷洒一次，关闭门窗2～3 h，然后打开门窗通风换气，再用清水冲洗饲料槽、地面等，将残留的消毒剂清除干净。要求使用两种以上不同类型的消毒药进行至少3次消毒(建议消毒顺序：甲醛→氯制剂→复合碘制剂→熏蒸)，喷雾消毒要使消毒对象表面湿润挂水珠，最后一次喷雾消毒后，最好把所有用具放入圈舍再进行密封熏蒸消毒(郑飞等，2011)。

在完成所有清洁和消毒步骤后，保持不少于2周的空舍时间。如果进雏，还应在2天前把舍温提高到33℃以上，相对湿度保持在65%～70%。进雏前1天将禽舍温度升到38℃，保持14 h以上，并用3%～5%氢氧化钠溶液拖地，有利于杀灭衣原体、支原体及病毒。

(六)定期清理

定期对可能接触H7N9的物品如垫料、粪便、鸡笼、设备、其他杂物和卫生死角进行清理，并送往远离鸡舍、下风向的特定地点进行无害化处理；疏通排水道，防止蚊虫、老鼠等的滋生(孙银锁，2011)。

(七)清洁饮水

保证饲料、饮水清洁，防止粪便、污物的污染。添料、添水做到少量多次，料槽、水槽要经常冲洗。必要时，在饮水中添加消毒剂进行预防。

(八)定期进行带禽消毒

带禽消毒就是对圈舍内的一切物品及禽群、空间用一定浓度的消毒液进行喷洒消毒。带禽喷雾消毒既能直接杀死藏于禽舍内，包括空气中的病原微生物，又能杀灭禽体表和呼吸道浅表滞留的病原体，还能沉降禽舍的粉尘，净化空气，防暑降温，从而给禽群创造一个舒适的环境，既有利于防病治病，又有利于禽的生长发育，还有利于饲养员的身体健康。带禽消毒应选择对禽安全、无刺激的消毒剂，如季铵盐类、氧化剂类等，带禽消毒不应限于禽体表，而应包括禽所在的空间和环境。平时带禽消毒可每周进行 2～3 次，夏季或疫病多发时，每天至少带禽消毒 1 次，每隔 3 天更换一种消毒剂。初生禽不宜带禽消毒，2 周龄后方可进行。

（九）监测预警与扑杀清除

H7N9 流感病毒极少在养禽场发现，农业部将其列为二类动物疫病，但流感病毒可能会通过野禽、运输工具或人员进入养禽场，因此，在养殖过程中，要加强监测预警工作。种禽场（包括曾祖代、祖代、父母代种禽场等）每年至少进行 2 次集中血清学监测，每次每场不少于 30 份样品；其他家禽养殖场也应血清学监测 2 次。在监测中发现血清学阳性种禽，直接扑杀并进行无害化处理；对血清学阳性但病原学阴性的其他禽群禁止流通，就近屠宰（郑飞等，2011）。

养殖场在家禽或环境样本中监测到病原学阳性的，要开展追溯调查，了解病毒来源和可能污染的禽群，并按规定向当地动物卫生监督机构汇报，以采取相应措施进行妥善处理。一旦发现家禽 H7N9 流感病毒发生变异，成为高致病性禽流感毒株，应按照《重大动物疫情应急条例》、《全国高致病性禽流感应急预案》和相关技术规范要求采取封锁、扑杀和无害化处置等措施。

76．养殖环节有哪些有效的消毒措施？

生物安全措施是养殖环节最有效的防控措施，包括消毒、人员控制、车辆控制等。消毒是指用物理的、化学的和生物的方法杀灭病鸡体和环境中的病原体，其目的是预防和防止 H7N9 流感病毒的传播和蔓延。一般常见的消毒药有福尔马林、氧化剂（如双氧水）、稀酸（如乳酸、0.5％过氧乙酸）、铵离子（如 20％氨水）、卤素化合物（如漂白粉、84 消毒药和碘剂）、手消毒剂等。禽类排泄物、污水、宰杀容器以及地面、墙面等耐腐蚀表面和物品建议使用含氯消毒剂；运输车辆和油漆家具等不耐腐蚀表面建议使用复合季铵盐消毒液；现场工作人员手消毒建议使用 75%乙醇或碘伏消毒液。家禽饲养、经营及屠宰加工环节应建立健全的消毒制度，正确选用高效无毒或低毒消毒剂，严格按照国家和地区规定的 H7N9 流感消毒的有关程序，实施规范消毒，做好消毒记录，确保消毒效果。陆烨等(2014)做过相关的消毒剂评价，采用的消毒方法如下：

(一)消毒剂配制方法

(1)三氯泡腾消毒片　三氯泡腾消毒片每片含有效氯 500 mg，配制成 5 000 mg/L 的含氯消毒液就是每 1 L 水加入 10 片泡腾消毒片；配制 2 000 mg/L 的含氯消毒液就是每 1 L 水加入 4 片泡腾消毒片。可根据喷雾器容量的大小，先加 1/3 水，加入所需消毒片，等消毒片全部溶解后(一般需 5～10 min)加足全部水量混匀即可。

(2)漂白粉上清液　漂白粉含有效氯 25%，配制 2% 漂白粉上清液(含有效氯 5 000 mg/L)，需在 50 L 水中加入 1 kg 漂白粉 (或 25 L 水加 500 g、10 L 水加 200 g)；先要在塑料桶中加少量水把所需漂白粉初步搅拌溶解，再倒入大容器中按规定浓度加水搅拌混匀，静置 30 min 以后取上清液加入喷雾器再使用，否则漂白粉的残渣会堵塞喷头。1%漂白粉上清液 (含有效氯 2 500 mg/L) 的配制方法相同，但漂白粉加入量减半。

(3)复方季铵盐消毒剂　一般市场产品的有效含量为 5%，用于油漆家具、运输车辆表面以及污染衣服的消毒，需要 1∶50 稀释(1 份消毒剂加 49 份水)，使用浓度为 1 000 mg/L。

(4)用于手的消毒剂　75%乙醇或碘伏消毒液均可直接使用。快速免水洗型手消毒剂凝胶(Ⅱ型)含三氯羟基二苯醚 5 000 mg/L 和质量分数 50%的医用乙醇，用该手消毒凝胶体积分数 10%和 1%的稀释液对 H7N9 流感病毒作用 3 min，可以达到完全灭活，具有预防和杀灭 H7N9 流感病毒的效果(鞠方涛等，2014)。

(二)消毒的方法

(1)禽类尸体(包括内脏等污染物)　处理人员应穿防护服，戴乳胶手套、口罩或使用工具处理，避免直接接触禽类或鸟类尸体。如数量较多，应收集后运至指定地点统一填埋；数量较少时可就近填埋。填埋点应选择远离居民点

500 m以外，远离饮用水源50 m以外的地方，距地面2 m以下深埋，坑底及尸体周围垫撒3～5 cm漂白粉。

(2)粪便、垫料、污物 家禽粪便是传播流感病毒的重要环节。可使用2%漂白粉上清液(或含有效氯5 000 mg/L的含氯消毒液)喷洒消毒，应确保充分湿润；液体污染物可按5∶1比例投加漂白粉后搅匀，消毒1 h后运至指定地点填埋。也可采用密封堆积发酵或焚烧处理等方法进行消毒。堆积发酵时，密封层厚度必须大于5 cm，确保被堆积的粪便处于与外界隔离的情况下，堆积21天以上。

(3)饲养笼架 消毒前确保清洗干净。固定笼架可使用2%漂白粉上清液(或含有效氯5 000 mg/L的含氯消毒液)喷洒消毒，应确保笼架里外表面充分湿润，消毒30 min；小笼架建议使用2%漂白粉上清液(或含有效氯5 000 mg/L的含氯消毒液)浸泡消毒，消毒30 min。笼架消毒后应使用自来水冲洗干净，以减少和避免含氯消毒剂的腐蚀性。

(4)地面和墙壁 地面和墙壁清洁后可使用1%漂白粉上清液(或含有效氯2 000 mg/L的含氯消毒液)喷洒消毒(喷药量为300～500 mL/m^2)；连续喷洒三次，间隔1 h。消毒后使用自来水冲洗干净。

(5)宰杀工具和容器 先使用自来水冲洗干净，再使用1%漂白粉上清液(或含有效氯2 000 mg/L的含氯消毒液)浸泡消毒，消毒30 min后再使用自来水冲洗干净。

(6)污水 现场积留的污水先估算体积，按每10 L污水投加5 g漂白粉或2片三氯泡腾消毒片(总有效氯1 000 mg)，搅匀消毒1 h后余氯达到5 mg/L以上即可排入下水道或现场填埋。

(7)运输工具 先使用自来水冲净内外表面，再使用1 000 mg/L复方季铵盐消毒液进行表面喷洒或擦拭消毒，作用30 min；也可使用500 mg/L含氯消毒液进行喷洒或擦拭消毒，30 min后再使用自来水冲洗干净，以减少和避免含氯消毒剂的腐蚀性。

(8)污染衣物 可使用1 000 mg/L复方季铵盐消毒液浸泡30 min后清洗、晒干。也可使用其他衣物消毒液浸泡后清洗。

(9)家禽交易市场和农贸市场内活禽销售及宰杀场所 每天收市后统一

对禽类经营场所，禽类运载、存养工具、宰杀器具等设备、设施进行消毒，对废弃物和物理性原因致死的禽类集中收集并进行无害化处理。活禽经营市场实行休市、消毒制度，休市时实行清场彻底消毒。

77. 活禽交易市场有哪些建设要求?

活禽交易市场是禽流感病毒存在和传播的重要场所，活禽交易市场的建设在禽流感的防控中起着至关重要的作用。近些年，国家各级行政部门先后出台了多部规范性文件，成为当前活禽市场建设的重要依据。2006 年，国务院办公厅下发了《关于整顿和规范活禽经营市场秩序 加强高致病性禽流感防控工作的意见》(国办发〔2006〕89 号)。为贯彻该意见，农业部、卫生部、国家工商行政管理总局共同印发了《活禽经营市场高致病性禽流感防控管理办法的通知》(农医发〔2006〕11 号)。2014 年广东出现人感染 H7N9 流感病例后，广东省出台了《广东省家禽经营管理办法》(广东省政府第 206 号)，对活禽经营活动进行规范，同时为活禽市场的建设配套制定了《活禽市场建设指南》(DB44/T 1463—2014)，对活禽市场的建设提供了具体的指引。2017 年 8 月 17 日，国家卫计委发布《关于进一步加强活禽经营市场管理的通知》(国卫应急发〔2017〕44 号)，对活禽经营场所的属地责任、经营管理责任、硬件条件、管理制度、活禽经营场所的关闭与恢复等进行了详细规定，为活禽经营管理的指导性文件，全国各地各部门均要以此通知作为依据完善、提升活禽销售场所硬件条件，具体要求如下。

(一)活禽销售独立分区

在城市农贸市场销售活禽的，活禽销售区域要单独分区，有独立出入口，与其他农产品严格分开。在农村集贸市场销售活禽的，也要与其他农产品分开，设立相对独立的销售区域。活禽销售场所内水禽销售区域与其他家禽销售区域要相对隔离。

(二)人流物流分离

活禽销售场所内活禽宰杀区域布局、设施等要符合动物防疫、卫生等相关要求，活禽宰杀区域要相对封闭。消费者出入通道和活禽运输通道应当分别设置，活禽宰杀区域与活禽销售区之间应当实施物理隔离，活禽销售区（档口、摊位）、活禽宰杀加工区与消费者之间也应当实施物理隔离，避免消费者与活禽直接接触。

（三）活禽销售场所设立出售活禽集中屠宰间

要健全完善活禽屠宰管理制度，配备与活禽宰杀规模相适应的消毒、通风和无害化处理等设施设备，活禽宰杀区域设置专用盛血桶、热水器、流动水浸烫池、加盖的废弃物盛放桶等设施设备。对活禽宰杀场所、活禽笼具、宰杀器具等要及时进行清洗消毒，对活禽粪便、污物以及宰杀活禽的废弃物等要严格按照规定进行集中收集和无害化处理。

（四）设置排污通道

要合理规划设置活禽经营场所的排污通道，确保排污顺畅，污水暂存池应当足以容纳场区内清洗消毒产生的废水。

（五）在车辆出入口设置消毒场地

在活禽经营场所的车辆出口处和入口处分别设置车辆消毒场地，做好出入车辆的消毒工作，降低病毒随车辆出入传播扩散的风险。

78. 活禽批发市场有哪些有效的防控措施？

活禽批发市场的家禽来源复杂，种类繁多，且多处于应激状态，再加上病毒、细菌污染严重，为禽流感病毒的贮藏、重组、滋生繁殖提供了良好的生态环境，绝大多数养殖场的禽只出场时是“干净”的，但在进入交易市场后被污染上病毒。活禽批发市场被认为是循环传播禽流感病毒的关键风险点，除 H7N9 流感病毒外，H5N1 病毒、新城疫病毒等其他禽类病原体均可在这一场所增殖，也可通过运输车辆及笼具传播到养禽场，从而构成禽类生产和销售系统中循环。做好活禽批发市场中的防控主要包括以下几个方面。

（一）加强检疫验证工作，严把溯源关

按《动物检疫管理办法》（农业部令 2010 年第 6 号）出售、运输动物产品和供屠宰、继续饲养的动物，应当提前 3 天申报检疫。经所在地县级动物卫生监督机构的官方兽医检疫合格，并取得《动物检疫合格证明》后，方可离开产地。在非常时期农业部要求经过实验室检测结果合格方可调运。有效制止疫区的高风险家禽以及染病家禽流入批发市场，对家禽的来源及去向进行有效记录，做好跟踪溯源工作。

(二)严格执行好“1110”制度，有效降低病毒浓度

活禽批发市场家禽数量巨大，来源复杂广泛。例如广东的东莞市，每年消费家禽近 1 亿只，本地出栏不足 200 万只，调入的家禽全部通过东城、常平和凤岗三大家禽批发市场交易，家禽来源有江西、广西、福建、湖南、海南和广东的广州、河源、惠州、清远等地，以批发鸡、鸭、鹅、鸽为主，是循环传播禽流感病毒的关键风险点。本地产的家禽也有 90%通过这三大家禽批发市场交易上市(刘方，2013)。批发市场的禽群来源不同、禽种不同，特别是鸭、鹅等水禽是禽流感的天然宿主，当前其饲养环境多处水塘河溪，与野生禽类甚至候鸟的接触机会多，本身带有多种亚型的流感病毒，进入活禽批发市场后，易造成其他禽类交叉感染，是活禽批发市场流感病毒库输入的主要来源。做好环境卫生工作，落实“1110”制度(一日一清洗、一周一消毒、一月一休市、过夜零存栏)显得尤为重要。清扫粪便、垫料前先洒消毒水，防止扬尘。清扫要求地面、笼具、用具等无羽毛、粪便及其他污物残留，隔离网或墙面无灰尘或污物黏附。清扫后，可选用有效氯 500～1 000 mg/L 的含氯消毒剂溶液对地面、隔离网、笼具、用品等进行全面喷洒或浸泡消毒。

(三)建立运输车辆、笼具的强制消毒制度

运载车辆卸载动物前、后，须在指定位置清洗、消毒。要求达到无羽毛、粪便及其他污物残留。可选用有效氯 500～1 000 mg/L 的含氯消毒剂溶液对笼具进行浸泡消毒 15 min，外调的家禽及其运输车辆也必须经过消毒后才能出市场。配备高压水枪将起到更好的冲洗效果，这一方法值得进一步推广。运输工具可视为活禽批发市场的延伸，作为“流动的传播媒介”在禽流感的传播中起到重要作用，建议制定强制性的消毒制度。

(四)规范休市措施

休市是指整个市场清空所有的家禽，对场地、用具、环境进行彻底的清洗与消毒，其目的和作用是切断传播链，使批发市场中原来存在的病毒被清除杀灭，不再传给下一批进入市场的家禽。广东省提出的“1110”制度中，第三个“1”即指一月一休市。活禽市场中病原情况非常复杂，不仅污染严重，而且亚型众多。据张烨等调查，2009—2013年在各省活禽市场监测环境样本25 063份，总体阳性率达8.73%，经亚型鉴定，HA型别有H2、H3、H4、H5、H6、H7、H9和H11，NA型别有N1、N2、N6、N8和N9(张烨等，2015)。养殖场中相对干净的家禽来到市场很快会染上病毒。要消除这些病毒难度很大，严格规范的休市是切断传播途径、消除病毒的重要手段。当前，活禽市场经营者对休市制度的目的和做法仍存在认识不到位的问题。简单地认为是搞卫生、不交易。主要的问题有将卖剩的禽只留在摊档中待开市后再售；卖剩的禽只移到他处，开市后运回再售；清洗不到位，残留有多量粪便与羽毛等污物；消毒剂使用不规范；墙壁、隔网、用具不清洗消毒等。由于规范性上存在不足，严重影响了休市的效果。据调查，活禽市场中家禽的禽流感病毒感染水平一般3天内即恢复到休市前的水平。当前改进措施有：①制定活禽批发市场清洗消毒规范，并加强从业者的操作培训，以便得到贯彻落实。②配备高压水枪等冲洗设施。③休市时间从1天延长到2天。

(五)严格不同禽种的分区交易

水禽、鸡、珍禽、其他动物品种要分区交易。特别是水禽与其他活禽经营区域应相对隔离。水禽是流感病毒的天然宿主，可携带H1～H16、N1～N9所有亚型的病毒。其饲养过程中与野禽的接触机会较多，其病毒库与野禽可产生交流，因此要做好水禽与其他活禽经营区域的隔离工作。监测中发现鸡、鸽H7N9的带毒率较高，鸡还是H9亚型流感的主要宿主，不同品种家禽的分区交易有利于防止各种家禽所携带病毒的交叉污染，以及减少不同亚型内部基因的交换重组，减少禽流感病毒获得跨宿主传播能力的机会。

(六)其他措施

当前活禽批发市场中车辆、人员的流向是没有限制的，存在人流物流交叉的问题。应将出、入口分设，按入口→鸡→珍禽→水禽→出口的顺序单向流动。严禁活禽批发市场家禽再被购回饲养。批发市场应按照规定统一做好家禽经营场地、无害化处理间、屠宰间的清洗消毒工作。

79. 活禽零售市场有哪些有效的防控措施?

活禽零售市场与活禽批发市场防控措施相似,除了着力改变流感病毒滋生的生态环境外,因零售市场多为农贸或肉菜市场,与民众接触的机会多,做好公共卫生隔离措施尤为重要。除了具有活禽批发市场的生态环境外,还具有禽种繁多混杂等其他有利于 H7N9 流感病毒繁殖重组的条件。零售市场同一档口中往往有多个品种的鸡同时存在,并与鹌鹑、鸭、鹅、鸽等其他禽种混杂,禽只应激强度大,每批之间没有间断,该生态系统更利于病毒循环增殖。一旦有阳性禽只进入,并且在批发市场感染的鸡只已逐渐进入排毒高峰期,排毒量激增,经过几批次鸡的传代可大量增殖,环境中的病毒浓度可达到或超过感染人的阈值。同时,中心城区人口密集、通风不良等因素,加大了活禽将流感病原传染给人类的概率。另外在一些酒楼食肆活禽现宰场所,亦存在着与零售市场相同的生态环境,也需引起关注。可采取以下防控措施。

(一)持续改进活禽的隔离管理,有效阻断向人间的传播

活禽经营区与其他农副产品的经营区域分开,最好设独立的出入口,有效控制没有需求的顾客进入活禽经营区;活禽存放区、宰杀加工区与消费者之间应实施物理隔离,可隔着玻璃橱窗选货,减少市民与活禽直接接触的机会;加强通风换气,交易间处于上风向,活禽存放区处于下风向。

(二)做好环境卫生,减少污染程度

配备固定禽笼,材质以易清洁的不锈钢等为好,禽笼底部应距离地面 15 cm 以上,设可移动接粪托盘,及时进行清洁,减少粪便对其他地方的污染;维持好摊档台面、脱毛机、宰杀器具及经营场所卫生,每天进行清洗消毒,因禽流感病毒是带有囊膜的病毒,在清洗过程中加入洗衣粉等去污剂,可有效杀灭绝大多数病毒;要对笼具、案桌、脱毛桶、刀具、砧板等进行彻底冲洗和清洁。要求达到肉眼观察无羽毛、血迹、粪便等残留异物。砧板、笼具含毒量较多(曹蓝,2016),需重点加强清洁与消毒。

(三)做好消毒工作,有效减少或消灭流感病毒

活禽经营场所每天收市前,对笼具、屠案、地面、下水道等进行清洗,再用消毒剂喷洒一次,可选用有效氯 500～1 000 mg/L 的含氯消毒剂溶液进行喷洒;脱毛桶、刀具、砧板等每周用消毒剂浸泡一次,可选用有效氯 500～1 000 mg/L 的含氯消毒剂溶液进行浸泡消毒,时间为 15 min,消毒后用自来水冲洗去除残留消毒剂的味道。对所有的消毒剂及其用法做好登记。

(四)正确执行零存栏制度,切断病毒传播链

零售市场中禽种繁多混杂,是家禽产业链中带毒率最高的环节,切断流感病毒在零售市场中的循环传播路径是控制 H7N9 的关键。在活禽零售市场实行"零存栏"可切断病毒由上一批家禽传给下一批家禽的传播链,起到釜底抽薪的作用。香港大学学者 Leung 等(2012)选择香港 8 个活禽市场作为研究对象,对 1999—2011 年采集的市场内活禽粪便样品进行 H9N2 禽流感病毒的分离与鉴定,以对这 8 个活禽市场在连续 141 个月中采取的 5 种不同休市措施(不休市,每月休市 1 天但市场有活鹌鹑售卖,每月休市 1 天但市场无活鹌鹑售卖,每月休市 2 天,禁止活禽过夜)下的病毒分离率差异进行比较,结果显示,以每月休市 2 天(次)的管理措施下市场 H9N2 禽流感病毒分离率为参照,对于鸡,禁止活禽过夜的管理措施下市场内 H9N2 禽流感病毒分离率降低了 84%。该研究充分说明禁止活禽过夜即"零存栏"的管理措施比休市等其他措施更为有效。具体做法是活禽经营场所每天收市前,需对全部活家禽进行宰杀,活禽不留过夜。档主可根据销量确认进货量,尽量当天售出,减少因剩余禽只宰杀造成的价值损失。不可将未售完的家禽移到他处存放第二天运回再售。

(五)休市

休市是阶段性切断传播途径的重要手段,可迅速降低病毒载量。香港大学 Kung 等(2003)对香港的 8 个活禽市场分别采集休市前、休市后的活禽粪便样品进行 H9N2 禽流感病毒的分离与鉴定,结果显示,休市前 H9N2 禽流感病毒分离率为 2.76%～10.34%,而休市后为 0～0.01%,休市后 H9N2 禽流感病毒分离率显著降低。然而,因休市不能从根本上改变零售市场的生态环境,只能维持一定时间。复市后,市场的生态环境条件又恢复到原先状态,一旦有疫源传入，又会恢复到原有病毒在档口内循环增殖的状态。2014 年春某市实行 2 周的休市措施后，复市 10 天又检出阳性样品就是很好的例证。休市期间要做到零存栏，做好全面清洗，可选用有效氯 500～1 000 mg/L 的含氯消毒剂溶液对笼具、屠案、地面、下水道等进行全面消毒。

(六)做好运输车辆和运输笼具的清洗消毒

运输车辆和笼具使用后，需经清洗消毒后方可移离市场。要求与活禽批发市场同(参见本书第 124 页)。

(七)其他措施

包括严禁出售活禽给顾客带出市场；做好从业人员的个人防护，加强禽流感防控知识和清洗消毒技能的培训；做好定期监测工作，一旦发现阳性率升高，及时采取临时性休市等干预措施。在特别严峻的情况下，季节性休市也是一种选择。

80. 如何加强运输环节的监管？

《中华人民共和国畜牧法》第五十三条规定：运输畜禽，必须符合法律、行政法规和国务院畜牧兽医行政主管部门规定的动物防疫条件，采取措施保护畜禽安全，并为运输的畜禽提供必要的空间和饲喂饮水条件。有关部门对运输中的畜禽进行检查，应当有法律、行政法规的依据。

(一)依法对运输环节加强监管

畜禽运输由于存在运输距离长、时间长等缺陷，往往会发生畜禽免疫力下降，在多个场所中转，容易导致污染而引发疫病甚至死亡等情况。因此，畜禽运输过程必须符合法律、行政法规和国务院畜牧兽医行政主管部门规定的动物防疫条件。动物、动物产品检疫不仅是预防、控制、扑灭动物疫病的重要手段，同时也是动物防疫监督的重要内容之一。

(二)严把运输前的产地检疫关

《中华人民共和国动物防疫法》第四十二条规定，屠宰、出售或者运输动物以及出售或者运输动物产品前，货主应当按照国务院兽医主管部门的规定向当地动物卫生监督机构申报检疫。动物卫生监督机构接到检疫申报后，应当及时指派官方兽医对动物、动物产品实施现场检疫；检疫合格的，出具检疫证明、加施检疫标志。第四十三条规定，屠宰、经营、运输以及参加展览、演出和比赛的动物，应当附有检疫证明；经营和运输的动物产品，应当附有检疫证明、检疫标志。第四十五条规定，输入到无规定动物疫病区的动物、动物产品，货主应当按照国务院兽医主管部门的规定向无规定动物疫病区所在地动物卫生监督机构申报检疫，经检疫合格的，方可进入。

（三）严把运输查证验物及消毒关

《中华人民共和国动物防疫法》第四十四条规定，经铁路、公路、水路、航空运输动物和动物产品的，托运人托运时应当提供检疫证明；没有检疫证明的，承运人不得承运。运载工具在装载前和卸载后应当及时清洗、消毒。畜禽到车站或码头后，驻车站、码头检疫人员要详细查证验物，在确认安全情况下，依法办理运输检疫文书。如果畜禽数目、出证日期与产地检疫证明记载不符，或畜禽来自疫区或发现有病死畜禽时，检疫人员必须彻底查明疑点，逐头（只）检查，并对检查出的问题迅速按照《中华人民共和国动物防疫法》规定进行果断处理。

近几年来，在全球范围内频频发生的禽流感等动物疫情表明，不断进出孵化场、饲养场、加工厂等往来城乡的各种运输工具是疫病传播的一个重要媒介。被污染的运输工具可能将病原体带入家禽饲养场所，引起动物疫病的传播。运输途中家禽集中，环境欠佳，抗病力会有所下降，较易感染疾病，且很快会波及全群，还有可能传染给运输经过地的家禽，因此，必须把好运输检疫关，及时发现、剔除并无害化处理病死家禽。做好运输检疫工作，可防止疫病通过运输工具传播，控制运输途中家禽的发病率和死亡率，提高养殖和贩运效益。对运输工具采取生物安全措施，防止疫情传播日益引起人们的重视。有效的生物安全措施可以大大减少病原体传入饲养场的危险。运输工具的生物安全措施主要包括清洁和消毒两个方面。在每两次运输之间必须对运输工具进行彻底清洁消毒，以防交叉感染。原则是先清洁，后消毒。如果严格遵守，可以减少疫病的传播。清洁消毒后，应填写《动物及动物产品运载工具消毒证明》。

(四)严把入场查证验物关

到达目的地后，首先要将随车携带的《动物产地检疫合格证明》、《非疫区证明》、《动物及动物产品运载工具消毒证明》等有关证件交当地动物检疫部门复检。复检合格，核对证物相符后方可卸车。卸家禽要缓慢进行，不得强拉硬推乱摔，以免造成外伤事故。卸完家禽后，要将货车里的粪便污物卸在指定的粪便处理池内，并对所有接触过家禽的设备进行清洗消毒、无害化处理。

81. 长途运输对活畜禽健康和动物疫病的传播有何影响？

随着社会经济的迅速发展和农业产业结构的调整，畜牧业已成为我国重点发展的产业，动物及动物产品的流动日趋频繁。2014 年我国畜牧业总产值已达到 2.9 万亿元人民币。其中活畜禽运输是畜牧业生产、加工、销售中的一个重要环节，由于我国地域辽阔，各地区畜牧业发展不均衡，畜禽品种多元化，因此，国内家畜家禽长途调运活动十分频繁，跨省调运活畜禽的运输时间长达 12 h 甚至几天均有。

(一)长途运输对畜禽健康的影响

长途运输会致使活畜禽机体抵抗力下降，引发运输应激综合征。应激通常是指动物受到频率比较大，持续时间长或时间虽短但变化剧烈的刺激时所引起的机体反应，这种反应主要使动物内环境稳定性、生理和行为等发生改变。应激所引起的机体的非特异性变化叫作全身适应综合征。

引发运输应激综合征的因素较多，不同因素造成的疾病也不尽相同，主要有：

(1)冷应激　动物急性(短期)暴露于寒冷环境中，开始产生冷应激反应，这一反应称之为报警反应。我国冬季低温寒冷，活畜禽在长途运输过程中，若在不采取保温措施或措施不到位的情况下，畜禽遭受到冷刺激就可致使机体抵抗力下降，从而引发呼吸系统疾病。

(2)热应激　是指畜禽急性(短期)暴露于炎热环境中，当该环境温度长时间超过畜禽机体耐热上限后，导致畜禽体温调节及生理机能紊乱而致使机体发生一系列异常反应。活畜禽在夏季长途运输过程中,若不采取降温措施或措施不到位,会造成畜禽机体电解质代谢紊乱,血糖、蛋白质、酶活力发生改变,从而致使机体受损,引发一系列疾病。

(3)饥渴应激　饥渴应激是指食物、饮水供应受到限制以至于断绝,或食物、饮水摄入受影响,进食困难甚至不能进食,致使机体处于能量和营养素摄入不全或缺乏的状态,引起代谢发生改变,从而引发动物出现代谢性疾病和消化系统疾病。例如,充足的饮水对鸡等无汗腺、需靠呼吸蒸发散热保持体温平衡的动物起着非常重要的作用,一旦运输过程中饮水不足,鸡群易发生中暑。

(4)其他应激　①环境骤变。如运输过程中光线忽明忽暗,时而淋雨时而暴晒会致使畜禽抵抗力下降。②拥挤。商家为节约运输成本,采用空间狭小的笼具,造成畜禽活动空间十分有限,动弹不得,情绪焦躁。③噪声。汽车引擎、汽笛等可致使畜禽情绪紧张。④颠簸。如路况及车辆驾驶技术不好造成的颠簸摇晃可引起畜禽情绪紧张。⑤疲劳。畜禽长途运输,环境嘈杂,得不到良好的休息可致使畜禽机体抵抗力下降。⑥外伤。长途运输中不可避免地会发生一些外科疾病,如撕裂伤、骨伤、扭伤和关节脱位等。

这些因素的单一或共同刺激,使得畜禽处于应激状态。该状态下,畜禽精神紧张焦虑,机体代谢紊乱,免疫力下降。据统计(林伟明等,2009),家禽长途运输过程中,死亡家禽中90%以上是由运输应激综合征所致。

(二)畜禽长途运输对动物疫病传播的影响

近年来,长途运输已成为引发动物疫病流行与传播的重要原因之一,据不完全统计,近年来全国各地所发生的重大动物疫情中,其病原一半以上为异地引进动物及其产品带入的。最主要的原因就是染疫动物的流通,病原潜伏在患病动物或其产品中,随动物和产品的流动而引发疫情。

总的来说,长途运输活畜禽引发动物疫情的主要原因有:

(1)畜禽自身方面　经历长途运输的畜禽,在途中由于各种应激因素刺激或饲养管理水平下降使得机体免疫力下降,容易造成某些处于潜伏期的疫病流行而暴发。

(2)忽视运输环节中的生物安全规范　在运输途中乱停乱放而导致畜禽途中感染疫病或机械性带毒,更有甚者在途中将病死畜禽尸体随意抛弃或非法出售,形成疫病间断性或持续性传播流行。

(3)从疫区到无疫区调运畜禽　我国不同省份畜禽生产成本并不一致,某些人看重异地引进动物有利可图,不顾原产地是否为疫区或有疫情,不管调运相关畜禽是否符合有关文件规定许可,不考虑调运后可能产生的严重后果,从生产低成本地区长途调运畜禽。

(4)部分公路检疫站职能缺失　部分公路检疫站责任意识淡薄,不按规定进行监督检查,不认真清洗消毒,敷衍了事,致使监督检查工作流于形式;更有甚者,不顾法律规定,违背工作原则,收受贿赂,对来历不明、无产地检疫合格证的畜禽运输车辆睁只眼闭只眼,致使依法检查、从严把关根本无法实现,也在一定程度上给疫病流行创造了机会。

近年来疫病在各地流行传播速率加快,甚至出现跳跃式传播的现象,这与日益频繁的活畜禽长途运输活动密不可分。可以说,畜禽长途运输在其中发挥着相当重要的媒介作用。

长途运输与动物疫病的传播有着内在的逻辑关系:长时间的运输过程会致使活畜禽机体抵抗力下降,引发运输应激综合征。同时,长途行驶增加了畜禽与沿途病原微生物接触的机会,也扩大了病原微生物传播污染的范围。此外,畜禽的亚健康状态、狭小密闭的空间环境、充足的时间,又给病原微生物提供了重组变异、大量繁殖的有利条件。当运输工具未采取严格的生物安全措施而被病原微生物污染,或者活畜禽在运输前就已隐性感染某些疫病,那么在运输应激综合征的诱发下,整车畜禽就有感染或暴发一系列动物疫病的风险,从而形成一个移动"污染源"和"病原重组工厂",病原微生物不断进行着基因重组和增殖,对途经之处产生严重的生物安全危害。

82. 怎样对活禽运输工具进行清洗消毒?

传染病的发生发展需要 3 个必要条件:传染源、传播途径和易感动物。因此,防控传染病就有了 3 种基本思路,一是消灭传染源,二是切断传播途径,三是增强易感动物抵抗力。其中,切断传播途径是最经济有效的一种生物安全控制措施，当一种传染病传播途径被有效切断后，其引发局部或区域性大流行的风险会显著降低，造成的社会经济损失将有效减少。近年有研究表明，活禽运输工具在禽流感的传播中起着重要的媒介作用，各类病原体可以通过被污染的运输工具在养殖场、交易市场、屠宰场之间流动传播。近年我国多起禽流感疫情均是因为禽流感病毒通过被污染的运输工具进入养殖场后引发。根据《中华人民共和国动物防疫法》规定，运输动物及动物产品的运输工具必须具有当地动物防疫监督机构出具的消毒证明。因此，对运输工具采取有效的生物安全措施是切断禽流感传播工作中的不可缺少的一步，该措施在防控禽流感，维护社会公共卫生安全方面起着重要作用。

(一)运输工具的清洗消毒原则

运输工具作为家禽业生产过程中的一个重要工具，使用过程应做好以下几点：①家禽养殖场、孵化场应配备场内专用运输工具，定期清洗消毒。②所有访客和外来运输工具应尽可能停放在生物安全区周围之外。③运输工具到达养殖场、孵化场前应经过彻底的清洗和消毒。④运输工具在完成运输任务后，应彻底的清洗和消毒。⑤运输工具在进入养殖场、孵化场、批发市场等地点前，应使用车轮浸液或喷洒装置，清洁并消毒车轮。

对运输工具采用有效的生物安全措施主要包括清洗和消毒2个方面，原则是先清洗，后消毒。在每批家禽装载运输前，对进场车辆进行彻底清洗消毒，可有效防止外界和养殖场病原的交叉污染。清洁是指用水和洗涤剂将含微生物的污染物从运输工具的表面清除。良好的清洁工作可以使运输工具表面微生物数量减少80%，同时，表面杂质的清除可促进消毒剂发挥功效。消毒是指用消毒剂将运输工具表面的病原微生物杀灭。良好的消毒工作可以使运输工具表面剩余的20%微生物被彻底杀灭，同时具有一定的残效，保证消毒完成一段时间内，运输工具不易被再次污染。

(二)洗涤剂的选择

清洁过程中应选择弱碱性洗涤剂，若洗涤剂碱性过强，会腐蚀车体；若只用高压水枪冲洗，则不能消除表面油污等污染物。因此，选择的洗涤剂应具备以下特性：①浸润性：降低表面张力；②疏散性：将污染物的颗粒分离；③乳化性：使油脂乳化；④螯合性：将无机盐类螯合溶解；⑤悬浮性：使污染物颗粒悬浮，易冲洗。

洗涤剂的功效主要决定于四个方面的因素：①化学因素：pH 与浓度（酸性洗涤剂可去除无机盐类，碱性洗涤剂可去除油脂类和酸性污垢）；②温度（在50℃以下，温度越高，洗涤效果越好）；③物理因素（如擦洗工具、擦洗方式等）；④反应时间（一定的反应时间会使洗涤剂起到最好效果）。

（三）消毒剂的选择

为了有效阻止动物疫病传播，消毒剂的选择也十分重要。良好的消毒剂应具备以下特性：①成分：不同的消毒剂所含化学成分不同，如有单一化学物质消毒剂、多种化学物质消毒剂等。消毒剂里应含有缓冲剂（防止不同化学成分互相反应的问题）、稳定剂（确保产品在有效期内发挥稳定）、螯合剂（提高在硬水稀释环境下的有效性）、浸润剂（确保在有机物存在的条件下依然发挥药效）。②药效：消毒剂产品应当广谱，能够有效杀灭细菌、真菌、病毒和孢子，不给病原体留下产生抗药性的空间。③灵活性：消毒剂产品应当可以方便地通过喷洒、泡沫（需用泡沫枪）和气雾消毒（冷气雾和热气雾消毒需要分别采用正确的载体）。④安全性：消毒剂不应具有腐蚀性。出于环保方面的考虑，消毒剂还应该能够被生物降解，不应含有重金属。对人员、动物和设备安全。

（四）清洗消毒方法

科学合理的清洗消毒流程应该是：①使用高压喷枪清洁轮胎、轮毂、挡泥板。②由车厢顶部开始往下清洁车辆内部，需彻底清洁车厢的顶部、内壁、分隔板及地面；需特别注意上下货斜坡、货物升降架及栅门的清洁。③将车辆腹侧贮物箱中的所有设备移除并清洗，清洁贮物箱的内部。④扫除驾驶室内的污染物并用刷子清洁驾驶室的地面、脚踏垫、踏板，最后用浸有消毒液的干净抹布擦拭消毒驾驶室的地面、脚踏垫及踏板。⑤让清洁剂与表面至少保持10 min 的接触时间后，用高压清水冲洗掉洗涤剂。

目前在我国家禽养殖业疫病防控方面，防控思路仍以疫苗免疫和药物防治为主，轻视了包括运输工具在内的生物安全措施的作用。特别是中小规模饲养场、农村散养户对相关生物安全措施了解甚少，缺乏相关防控意识，不经清洁消毒的运输工具随意进出养殖场的现象十分普遍，这成为家禽疫病防控中的一个漏洞，成为禽流感等疫病传入传出的重要途径，使养殖场处于随时暴发动物疫病的风险之中。现代动物防疫理念已经将生物安全措施置于非常重要的地位，甚至认为是“把动物疫病挡在饲养场门外”的治本之策。这个理念与做法也应当纳入家禽业的动物疫病防控体系之中，对运输工具采取严格的清洗消毒措施是落实这一理念的关键一招，也是确保我国家禽业健康发展的重要一环。

83．家禽从业人员如何预防 H7N9 流感感染?

新型 H7N9 亚型流感病毒与以往的 H7N9 亚型流感病毒最大的不同就是其可以跨种间传播感染人类。研究表明，约 60%的感染新型 H7N9 亚型流感病毒的患者都有明确的禽类接触史，故推测人与禽之间的直接传播为该病的主要传播途径。那么从事禽类养殖、运输、宰杀和销售等职业的人员可能就是 H7N9 亚型流感病毒感染的高危人群，所以提高家禽从业人员防范新型 H7N9 亚型流感病毒感染的意识就显得尤为重要。针对家禽从业人员预防新型 H7N9 亚型流感病毒感染，有以下建议：

(一)加强从业人员的安全教育

政府部门应加大关于新型 H7N9 亚型流感病毒相关知识的宣传教育，让更多的家禽从业人员知晓其危害，主动做好自身防护。目前在禽类中分离到的病毒样本，多数来自于活禽交易市场的禽类，故新型 H7N9 亚型流感病毒的传染源基本上可以锁定为活禽交易市场带毒的禽类及其污染的环境。目前推测家禽从业人员很有可能在人群疫情发生中起桥梁作用。所以提高家禽从业人员对新型 H7N9 亚型流感病毒的认识程度对遏制其传播有重要意义。

(二)加强活禽交易环节的检疫、消毒和管理

政府相关部门应加大对活禽交易过程的有效检验检疫力度，规范化管理禽类交易市场和宰杀市场，减少家禽从业人员感染新型 H7N9 亚型流感病毒的风险。禽类排出的粪便中可能含有大量病毒，卫生条件较差的活禽交易市场中的禽类粪便风干后，成为带有病毒的粉尘，容易形成气溶胶，处于该环境的家禽从业人员便容易感染新型 H7N9 亚型流感病毒并致病。目前，国内活禽交易市场上禽类的来源复杂，除了正规饲养场的规模化养殖外，农户家散养禽类在交易方面也占有很大比例，而现有的动物检验检疫多针对正规饲养场和交易市场。监管部门对活禽市场也不能进行有效监管，疫情的发现往往是在禽类死亡案例出现之后，这使得政府相关部门对禽流感的防控有着明显的滞后性。此外，新型 H7N9 亚型流感并未在家禽中引起明显的疾病和死亡，因此导致人群禽流感疫情预测的难度增大。在我国活禽交易市场中，经常出现家禽从业人员与家禽混住现象。人类与家禽如此高密度的接触为流感病毒的传播提供了便利条件，促使病毒有选择地向着更易和人结合、致病性更强的方向进化。另外，中国居民由于饮食习惯，在禽肉类消费方面偏爱新鲜的食材，相对于较为洁净的超市冷柜，人们更习惯在脏乱的农贸市场选购活禽并进行现场宰杀，这在某种程度上增加了家禽从业人员的暴露机会和感染风险，为新型 H7N9 亚型流感病毒感染人创造了环境条件。而在欧美等西方发达国家，多年以前已经出现工业化的鸡肉制品生产商，进行统一宰杀和处理，机械化作业使得禽类与人的接触减少，而发现禽类中有禽流感疫情发生后，也能够尽快大规模处理病禽。这些国家即使有过大规模禽类瘟疫，也仅局限于禽类中发生，即使人群中极个别出现传染也是致病性较低的。所以政府相关部门加大对活禽交易过程的有效检验检疫力度，规范化管理禽类交易市场和宰杀市场，对降低家禽从业人员感染新型 H7N9 亚型流感病毒的风险具有重要意义。

(三)强化家禽从业人员的工作防护

家禽从业人员从事与家禽相关的操作时应严格进行个人防护和消毒。畜禽养殖场工作人员、禽类分拣人员、销售宰杀人员等工作时要穿工作服，戴口罩、手套、工作帽，穿工靴。工作衣帽等用品要每天清洗消毒。工作人员进出养禽场必须更衣消毒。家禽宰杀人员除了上述防护外，有条件的应穿连裤工作服加上不透水的围裙，穿长筒靴，操作后及时清理现场并进行消毒。工作服或围裙被禽类的血液、排泄物、污物污染后，应及时更换并进行消毒处理。医用口罩每使用 4 h 应更换一次，遇到污染或潮湿时，应及时更换。所有密切接触家禽的从业人员都应勤洗手，尽量避免直接接触病死禽，必须接触时，应做好相应的防护措施。另外长期接触疑似感染家禽的从业人员建议接种当前世界卫生组织(WHO)推荐的流感疫苗,以避免同时感染人流感病毒和禽流感病毒,从而减少病毒基因重排的可能性。

(四)加强工作地点消毒

家禽从业人员应加强对工作地点的清洗消毒。养殖场工作人员应加强禽舍通风换气,保持舍内空气新鲜;勤清粪便和打扫禽舍及环境,保持生产环境清洁卫生,定期对禽舍、禽场环境、用具、饮水等进行消毒,规模养殖场每周至少消毒 2 次,散养户每周至少消毒 1 次。家禽运输人员应保持运输工具清洁卫生,勤清粪便,定期对运输工具进行预防性消毒。活禽交易市场实行"1110"管理体系:一日一清洗、一周一消毒、一月一休市、过夜零存栏。保持家禽从业人员的吃住与家禽分开。在家禽宰杀点工作的人员平时应保持工作区域的清洁卫生,及时清理禽类内脏、羽毛、血污、粪便等废弃物。定期对物体表面进行预防性消毒。

(五)增强从业人员个人抵抗力

家禽从业人员应加强日常防护。平时应养成良好的个人卫生习惯,加强体育锻炼,注意补充营养,保证充足的睡眠和休息,以增强抵抗力。不要轻视感冒,若出现发热、头痛、鼻塞、咳嗽、全身不适等呼吸道症状时,应戴上口罩,尽快到医院就诊,务必告诉医生自己发病前是否到过禽流感疫区,是否与病禽类接触等情况,并在医生指导下进行治疗和用药。

84. 如何科学防控 H7N9 亚型流感?

我国人群健康状况、生活条件差别很大,居民卫生观念有待提高。高密度人口和频繁的人际接触决定了流感一旦暴发,就会导致严重的经济和社会负担。禽流感危害虽不可小视,但也不必谈"禽"色变。专家告诫人们,只要坚持健康的生活方式,良好的生活习惯,规范的职业防护,注意饮食安全,加强个人防护,禽流感并不可怕。因此,进行高效防控与监测,提高居民健康意识,加强应对流感暴发的物资储备,在今后的流感防控工作中尤为重要。针对如何规范进行人员防护,有以下建议:

(一)政府相关部门应加强和健全联动机制建设,形成高效的防控体系,切断新型流感病毒的可能传染源

禽流感病毒的天然宿主是野生水鸟,可引起家禽、哺乳动物及人的感染。H7N9 亚型流感病毒所表现出对禽高致病性毒株和低致病性毒株共存、对人高感染率的特点,提示我们应在目前的基础上,进一步加强和健全包括卫生、农业、林业等部门联动机制的建设,形成高效的监测、预警、应急响应、现场疫情处置等防控机制。需要建立充足的物资储备、完备的危机预警方案和应急处理预案等制度。针对禽流感病毒由禽到人感染过程中的关键环节开展监测,以便及时发现病毒的变异趋向,真正做到早发现、早报告、早隔离、早诊断、早治疗等传染病预防和控制的要求。同时还应加强防控体系中医院和各级疾病预防控制中心实验室的建设。

(二)加大对重点人群的监测,及时掌握和正确判断疫情

活禽从业者包括养殖、贩运和销售等人员与活禽之间有密切接触,属于禽流感病毒感染的高危人群。当出现禽流感疫情时,疫情处理人员同样面临较高的风险,以往曾发生过由于防护不当而发生感染的事件。这些重点人群很有可能在人群疫情发生中起桥梁作用,所以应定期针对特殊和高危的重点人群开展禽流感病毒监测工作,以便及时掌握禽流感病毒对人类的影响,并为正确判断疫情的发生提供依据。此外,应建立涵盖禽类养殖、销售和屠宰加工等多个环节的禽类养殖业规范管理的模式和有效的监管机制。

(三)进一步加强健康教育,提高居民安全意识

与禽类密切接触是人感染新型 H7N9 流感病毒最为重要的原因之一。病禽的粪便中可能含有大量的病毒,可通过直接接触或形成气溶胶的形式进行散播,造成人的感染发病。加强居民健康教育,提醒居民尽量避免与禽类接触,尤其要远离病死畜禽,接触过禽鸟或禽鸟粪便,要注意用消毒液和清水彻底清洁双手,尽量在正规的销售场所购买经过检疫的禽类产品,避免在农贸市场购买活禽并就地宰杀处理。在候鸟迁徙季节,避免在公园、绿地与迁徙候鸟近距离接触;家养宠物鸟者,在候鸟迁徙时期尽量不要悬挂于室外;外出旅途中,尽量避免接触野生禽鸟或进入野禽栖息地。居民要养成良好的个人卫生习惯,均衡营养,保证充足睡眠,保持良好体质。要做到勤洗手,在准备食物前后、饭前便后、处理动物及其垃圾后等均应用肥皂水冲洗，尤其是接触过公共物品后要先洗手再触摸自己的眼、鼻、口。烹饪禽肉和禽蛋时，加热要充分，不吃生的或半生的禽蛋。尽量避免去人群拥挤、通风不畅的场所，远离咳嗽、打喷嚏患者。若出现发热、头痛、鼻塞、咳嗽、全身不适等呼吸道症状时，应戴上口罩，尽快到医院就诊，务必告知医生自己发病前是否到过禽流感疫区，是否与禽类接触等情况，并在医生指导下进行治疗和用药。

预防 H7N9 亚型流感乃至以后可能发生的新型流感是多方位的，需要全社会的参与。只有在专业机构、政府部门和全社会的共同参与下，进一步加强健康教育和相关知识的普及，提高全社会的安全意识，才能最大限度地减少流感对人类健康的威胁。

(四)加强公共场所管理

公共场所人口密集，流动性大，是呼吸道传染病传播的主要场所。必须建立健全组织规章制度，提高卫生质量，如环境卫生、饮食及饮水卫生、公共设施卫生和个人卫生等。加强消毒管理，落实消毒措施，完善卫生监督、监测管理制度，一旦发现感染疾病患者立即向有关部门报告，同时将患者送往定点医疗机构治疗。

(五)规范医院管理制度

包括对医务工作者及患者的管理。工作过程中医护人员尤其是护士不可避免地要与患者近距离接触，甚至会接触到患者的分泌物，增加了感染的概率。医护工作者在进出隔离区时必须做好自身的消毒工作，按规定戴好帽子、口罩，穿脱隔离衣，避免将病毒带出隔离区。医院有义务设立专门的诊室和病区，患者和疑似感染者分室隔离，减少互相传染的机会，处理好被隔离人员的饮食住宿及家属探视问题。

(六)强化病毒研究，开发新药物靶标

新型 H7N9 亚型流感病毒的不断变异将为其人传人带来潜在风险，目前仍不能排除其发生人传人变异的可能性。因此，开发基于新靶点和新结构类型的抗病毒药物迫在眉睫。截至目前，M2、NA 靶标已有成熟药物，以 RDRP (RNA 依赖的 RNA 聚合酶)和 HA 为靶标的抗流感药物已进入临床试验，其中靶向 RDRP 和 HA 的药物已分别进入Ⅲ期和Ⅱ期临床试验。流感病毒核蛋白抑制剂也处于临床前研究阶段。随着生命科学技术和新药研究技术的不断进步,以及新揭示的流感病毒感染和增殖途径的分子机制,相关研究对新靶标的识别与确认速度也在不断提升,为抗病毒药物的研究提供了坚实的基础和高效的技术支撑。因此,需要在开发新药物靶点的基础上,结合现代药物研究技术,研发更多新作用机制的抗流感候选药物,为禽流感的防控提供更为完善的防线。另一方面,需要注意流感病毒的抗药性变异,将非药物干涉手段和适度的应用抗病毒药物结合起来使用。

(七)加强疫苗的研制和储备,为有效控制流感流行提供保障

针对新发传染病,初期的疫苗防控作用总是滞后的,同时由于病毒变异的随机性使疫苗研制的及时性受到影响。但作为有效控制大流行发生的有力武器,疫苗的研制和储备必不可少。目前新型 H7N9 亚型流感病毒还没有出现持续的人传人现象或小规模的人传人现象,但也不能完全排除经过基因重排的流感病毒在人群中大规模流行的可能。病毒的变异随时都会发生,一旦发生变异,尤其是在猪等中间宿主体内进行基因重排,就有利于流感病毒在人群之间传播,其对人类健康和生命的影响将是巨大的。为了克服疫苗研究的滞后性,应该在系统监测禽流感病毒变异、掌握病毒进化规律和在猪体内基因重排规律的基础上,开展具有一定前瞻性的流感病毒疫苗研制,这必将会对今后预防和控制流感在人群中流行起到重要的作用。

85. H7N9 流感可以用疫苗来控制吗?

(一)新型 H7N9 亚型流感病毒是可以用疫苗来预防的

2013 年 10 月 26 日中国科学家就宣布已在全球率先研发成功人感染 H7N9 流感病毒疫苗株。该病毒疫苗种子株由浙江大学医学院附属第一医院联合香港大学、中国疾病预防控制中心、中国食品药品检定研究院和中国医学科学院等多家单位协同攻关完成。科研人员将疫苗种子株在 SPF 鸡胚中连续传代 15 代,经测序证实遗传稳定。并且该病毒疫苗株的致病性较野生型 H7N9 毒株显著下降,与高度减毒的标准型流感病毒株 PR8 流感病毒株近似,各项基数指标均符合流感病毒疫苗株的要求。这一成果意味着我国已经具备自主研发大流行性流感疫苗的能力,也打破和改变了我国流感疫苗株需由国外提供的历史。

另外,我国的国家禽流感参考实验室也成功研制出重组禽流感病毒灭活疫苗(H7 亚型,H7N9/PR8 株),试验结果显示,该疫苗安全,免疫效果良好,可对 H7N9 流感病毒攻击提供有效保护,能够 100%阻止病毒复制和排泄,对有效阻断病毒传播、降低病毒高致病力突变风险具有重要意义。一旦疫病防控需要,即可马上使用该疫苗对家禽实施免疫,确保 H7N9 流感可防可控。

(二)新型 H7N9 亚型流感病毒疫苗

目前国内外科研机构也在尝试开发新型 H7N9 亚型流感病毒疫苗,常见的新型疫苗类型如下:

(1)减毒活疫苗　即毒性亚单位结构改变,毒性减弱,活性不变,保持抗原性的一类疫苗。该类疫苗通过人工合成包含 H7N9 病毒 HA 及 NA 基因片段和 6 个 A/Ruerto/Rico/8/34 病毒基因片段的基因重组序列,应用反向遗传操作技术拯救出活病毒,并制备出疫苗,具有良好的免疫原性和抗原性,并且小剂量接种即可诱导生成足够的保护性抗体。

(2)正痘病毒相关性 H7N9 流感病毒 DNA 疫苗和 H7HA DNA 疫苗　该类疫苗可诱导分泌的血凝抑制抗体(HAI)是主要的保护性抗体,经检测发现抗体滴度可达到保护剂量。

(3)病毒样颗粒疫苗(VLP 疫苗)　H7N9 流感病毒的 HA 和 NA 基因及 H5N1 的基质蛋白(M1)基因克隆到杆状病毒载体,导入 SF9 细胞后自行组装成 H7N9 病毒样颗粒,即病毒样颗粒疫苗(H7N9-VLP)。目前起保护性的抗体尚未明确,可能是 IgG 或 IgM,也可能两者都是。人类接受重组禽流感病毒疫苗 H5N1-VLP 免疫后,H5N1 感染发病率明显降低,但该疫苗对 H7N9 易感人群无保护作用,H7N3-VLP 可对同源的 H7N9 表现出交叉免疫作用。

为有效控制 H7N9 亚型流感疫情,2017 年 7 月 7 日,农业部发布《农业部关于切实做好全国高致病性禽流感秋季免疫工作的通知》(农医发〔2017〕24 号),决定从 2017 年秋季开始,在家禽免疫 H5 亚型禽流感的基础上,对全国家禽全面开展 H7N9 免疫,并组织制定了《全国高致病性禽流感免疫方案》,目前批准使用的禽用 H7N9 疫苗为重组禽流感病毒（H5＋H7）二价灭活疫苗（H5N1 Re-8 株＋H7N9 H7-Re1 株）。

86. 监测中发现病原阳性如何处置？

根据农业部《动物 H7N9 禽流感紧急监测方案》、《动物 H7N9 禽流感应急处置指南（试行）》（农医发〔2013〕13 号）和国家卫计委《关于进一步加强活禽经营市场管理的通知》（国卫应急发〔2017〕44 号）等有关文件指示精神进行处置。各级动物疫病预防控制机构或动物卫生监督机构在监测中发现阳性后，应按如下程序进行处置：

（一）阳性病原确认程序

病原学诊断方法：采用农业部推荐的 RT-PCR 或荧光 RT-PCR 检测方法，检测咽喉和泄殖腔拭子样品 H7 亚型禽流感病毒 HA 基因片段。按照推荐试剂（盒）的使用说明进行检测。

市县二级动物疫病预防控制机构通过病原学方法检测到疑似阳性样品后，应在 2 h 内报告同级兽医主管部门并送往省级动物疫病预防控制机构进行病原学诊断。省级动物疫病预防控制机构收到疑似样品后，应立即进行复检，经诊断为 H7 亚型禽流感病毒感染疑似阳性的，应在 1 h 内将阳性结果报省级兽医主管部门和中国动物疫病预防控制中心，并在 24 h 内将阳性样品送国家禽流感参考实验室。中国动物疫病预防控制中心应在 1 h 内将情况报农业部兽医局，国家禽流感参考实验室开展复核和其他相关工作后，进行确诊。农业部根据最终确诊结果，确认 H7 亚型禽流感病毒感染阳性。

（二）阳性处置

感染群指阳性样品被采动物所在的动物群体，包括以下三种类型，一是养殖场的同栋动物，二是活禽交易市场的同场禽类，三是农村散养的同户禽类。

经省级动物疫病预防控制机构诊断为 H7 亚型禽流感病毒疑似阳性的，应立即限制感染群所在场（村）的所有动物移动，等待农业部阳性确认。

经农业部确认为 H7 亚型禽流感病毒感染阳性的，对感染群的所有动物进行扑杀，对扑杀动物及其产品进行无害化处理，对感染群所在场（村）的内外环境实施严格的消毒措施，对污染物或可疑污染物进行无害化处理，对污染的场所和设施进行彻底消毒。同场（村）中感染群以外的其他动物，在感染群处置后再次进行监测，直至监测无感染阳性后才允许移动。

感染群在交易市场或屠宰场的，应立即关闭该交易市场或屠宰场。21 天内当地未发生人间疫情和家禽疫情，活禽交易市场彻底清洗消毒并经县级以上动物疫病预防控制机构检测，未检测出 H7N9 病原学阳性，且活禽经营市场主管部门和有关部门风险评估合格后，方可开放交易市场或屠宰场。

（三）开展紧急流行病学调查

对 H7 亚型禽流感病毒感染阳性的，参照《高致病性禽流感流行病学调查技术规范》，进行紧急流行病学调查和病原学研究。省级动物防疫监督机构监测到感染疑似阳性样品后，应立即派遣流行病学专家配备必要的器械和用品于 24 h 内赴现场，作进一步诊断和调查。对发病养禽场/户的发病情况、周边地理地貌、野生动物分布及近期家禽、产品、人员流动情况等开展进一步的调查，分析传染来源、传播途径以及影响疫情控制和扑灭的环境和生态因素。与地方动物防疫监督机构密切配合，完成病料样品的采集、包装及运输等诊断事宜。对所发疫病做出高致病性禽流感诊断后，协助地方政府和地方动物防疫监督机构扑灭疫情。

（四）对高致病性 H7N9 的处置

有关科研院所在 2016 年底发现了 H7N9 高致病性毒株，在 2017 年 3 月 19 日，湖南省永州市东安县一蛋鸡场发生了全国首例高致病性 H7N9 流感疫情。根据面临的新的形式变化需要，农业部于 2017 年 4 月 21 日，发布了第 2516 号公告，经国家参考实验室或省级动物疫病预防控制机构检测为 H7N9 流感病原学阳性的，应对病原学阳性禽群进行扑杀和无害化处理；确诊为 H7N9 变异毒株或有高致病性症状的，应对病原学阳性禽场的所有禽只进行扑杀和无害化处理。同时，当地兽医主管部门应对有流行病学关联的禽群和阳性场点周边家禽养殖场（户）开展风险评估，根据实际情况确定扑杀范围。

87. 染疫动物无害化处理的方法有哪些?

无害化处理是指用物理、化学等方法处理病死动物尸体及相关动物产品，消灭其所携带的病原体，消除动物尸体危害的过程。目前，染疫动物无害化处理主要依据农业部 2013 年出台的《病死动物无害化处理技术规范》(农医发〔2013〕34 号)等相关办法施行。H7N9 染疫动物尸体的无害化处理主要有焚烧、掩埋、化制等 3 种常用方法。

(一)焚烧法

焚烧法是指在焚烧容器内，使动物尸体及相关动物产品在富氧或无氧条件下进行氧化反应或热解反应的方法。目前常见的焚烧法分为直接焚烧法和炭化焚烧法 2 种。焚烧法相比其他 2 种处理方法能快速高效地处理染疫动物尸体，短时间内迅速消除疫源带来的危害。但本法使用成本较高，处理通量也较小。因此，焚烧法适用于疫情发展初期或小量染疫动物尸体处理。

(1)直接焚烧法

技术工艺:可视情况对动物尸体及相关动物产品进行破碎预处理。将动物尸体及相关动物产品或破碎产物，投至焚烧炉本体燃烧室，经充分氧化、热解，产生的高温烟气进入二燃室继续燃烧，产生的炉渣经出渣机排出。燃烧室温度应≥850℃。二燃室出口烟气经余热利用系统、烟气净化系统处理后达标排放。焚烧炉渣与除尘设备收集的焚烧飞灰应分别收集、贮存和运输。焚烧炉渣按一般固体废物处理;焚烧飞灰和其他尾气净化装置收集的固体废物如属于危险废物，则按危险废物处理。

操作注意事项:严格控制焚烧进料频率和重量，使物料能够充分与空气接触，保证完全燃烧。燃烧室内应保持负压状态，避免焚烧过程中发生烟气泄漏。燃烧所产生的烟气从最后的助燃空气喷射口或燃烧器出口到换热面或烟道冷风引射口之间的停留时间应≥2 s。二燃室顶部设紧急排放烟囱，应急时开启。应配备充分的烟气净化系统，包括喷淋塔、活性炭吸附装置和除尘器、冷却塔、引风机和烟囱等，焚烧炉出口烟气中氧含量应为 6%～10%(干气)。

(2)炭化焚烧法

技术工艺：将动物尸体及相关动物产品投至热解炭化室，在无氧情况下经充分热解，产生的热解烟气进入燃烧(二燃)室继续燃烧，产生的固体炭化物残渣经热解炭化室排出。热解温度应≥600℃，燃烧(二燃)室温度≥1 100℃，焚烧后烟气在1 100℃以上停留时间≥2 s。烟气经过热解炭化室热能回收后，降至600℃左右进入排烟管道。烟气经过湿式冷却塔进行“急冷”和“脱酸”后进入活性炭吸附装置和除尘器，达标后排放。

操作注意事项：应检查热解炭化系统的炉门密封性，以保证热解炭化室的隔氧状态。应定期检查和清理热解气输出管道，以免发生阻塞。热解炭化室顶部需设置与大气相连的防爆口，热解炭化室内压力过大时可自动开启泄压。应根据处理物种类、体积等严格控制热解的温度、升温速度及物料在热解炭化室里的停留时间。

(二)掩埋法

掩埋法是指按照相关规定，将动物尸体及相关动物产品投入化尸窖或掩埋坑中并覆盖、消毒，发酵或分解动物尸体及相关动物产品的方法。本方法有直接掩埋法和化尸窖法2种常见方法。直接掩埋法具有处理通量大，对硬件要求低，可操作性强等优点，在疫情大规模暴发，染疫动物尸体数量众多的情况下，是无害化处理最理想选择。化尸窖法因操作简单方便、处理成本低等优点更是成为广大养殖场的“标配”。

(1)直接掩埋法

选址要求：一要选择地势高燥，处于下风向的地点。二要远离动物饲养厂(饲养小区)、动物屠宰加工场所、动物隔离场所、动物诊疗场所、动物和动物产品集贸市场、生活饮用水源地。三要远离城镇居民区、文化教育科研等人口集中区域、主要河流及公路、铁路等主要交通干线。

技术工艺：掩埋坑体容积根据实际处理动物尸体及相关动物产品数量确定。掩埋坑底应高出地下水位1.5 m以上，要防渗、防漏。坑底撒一层厚度为2～5 cm的生石灰或漂白粉等消毒药。将动物尸体及相关动物产品投入坑内，最上层距离地表1.5 m以上。生石灰或漂白粉等消毒药消毒。覆盖距地表20～30 cm，厚度不少于1～1.2 m的覆土。

操作注意事项:掩埋覆土不要太实,以免腐败产气造成气泡冒出和液体渗漏。掩埋后,在掩埋处设置警示标识。掩埋后,第一周内应每日巡查1次,第二周起应每周巡查1次,连续巡查3个月,掩埋坑塌陷处应及时加盖覆土。掩埋后,立即用氯制剂、漂白粉或生石灰等消毒药对掩埋场所进行一次彻底消毒。第一周内应每日消毒1次,第二周起应每周消毒1次,连续消毒三周以上。

(2)化尸窖法

选址要求:畜禽养殖场的化尸窖应结合本场地形特点,宜建在下风向。乡镇、村的化尸窖选址选择地势较高,处于下风向的地点。应远离动物饲养厂(饲养小区)、动物屠宰加工场所、动物隔离场所、动物诊疗场所、动物和动物产品集贸市场、泄洪区、生活饮用水源地,也应远离居民区、公共场所、主要河流及公路、铁路等主要交通干线。

技术工艺:化尸窖应为砖和混凝土,或者钢筋和混凝土密封结构,应防渗防漏。在顶部设置投置口,并加盖密封加双锁;设置异味吸附、过滤等除味装置。投放前,应在化尸窖底部铺洒一定量的生石灰或消毒液。投放后,投置口密封加盖加锁,并对投置口、化尸窖及周边环境进行消毒。当化尸窖内动物尸体达到容积的3/4时,应停止使用并密封。

操作注意事项:化尸窖周围应设置围栏、设立醒目警示标志以及专业管理人员姓名和联系电话公示牌,应实行专人管理。应注意化尸窖维护,发现化尸窖破损、渗漏应及时处理。当封闭化尸窖内的动物尸体完全分解后,应当对残留物进行清理,清理出的残留物进行焚烧或者掩埋处理,化尸窖池进行彻底消毒后,方可重新启用。

(三)化制法

化制法是指在密闭的高压容器内,通过向容器夹层或容器通入高温饱和蒸汽,在干热、压力或高温、压力的作用下,处理动物尸体及相关动物产品的方法。本方法有干化法和湿化法2种常见方法。化制法同焚烧法优缺点相似,处理效率较高,但处理通量较小。因此,本方法适用于处置小范围疫区、疫点的染疫病死动物。

(1)干化法

技术工艺:可视情况对动物尸体及相关动物产品进行破碎预处理。动物尸体及相关动物产品或破碎产物输送入高温高压容器。处理物中心温度≥140℃，压力≥0.5 MPa(绝对压力)，时间≥4 h(具体处理时间随需处理动物尸体及相关动物产品或破碎产物种类和体积大小而设定)。加热烘干产生的热蒸汽经废气处理系统后排出。加热烘干产生的动物尸体残渣传输至压榨系统处理。

操作注意事项：搅拌系统的工作时间应以烘干剩余物基本不含水分为宜，根据处理物量的多少，适当延长或缩短搅拌时间。应使用合理的污水处理系统，有效去除有机物、氨氮，达到国家规定的排放要求。应使用合理的废气处理系统，有效吸收处理过程中动物尸体腐败产生的恶臭气体，使废气排放符合国家相关标准。高温高压容器操作人员应符合相关专业要求。处理结束后，需对墙面、地面及相关工具进行彻底清洗消毒。

(2)湿化法

技术工艺：可视情况对动物尸体及相关动物产品进行破碎预处理。将动物尸体及相关动物产品或破碎产物送入高温高压容器，总质量不得超过容器总承受力的 4/5。处理物中心温度≥135℃，压力≥0.3 MPa(绝对压力)，处理时间≥30 min(具体处理时间随需处理动物尸体及相关动物产品或破碎产物种类和体积大小而设定)。高温高压结束后，对处理物进行初次固液分离。固体物经破碎处理后，送入烘干系统；液体部分送入油水分离系统处理。

操作注意事项：高温高压容器操作人员应符合相关专业要求。处理结束后，需对墙面、地面及相关工具进行彻底清洗消毒。冷凝排放水应冷却后排放，产生的废水应经污水处理系统处理达标后排放。处理车间废气应通过安装自动喷淋消毒系统、排风系统和高效微粒空气过滤器(HEPA 过滤器)等进行处理，达标后排放。

88. 为什么要对活禽市场采取“休市”措施？

首次人类感染禽流感病毒疫情于 1997 年 5—12 月发生在中国香港，当时，有 18 人因 H5N1 病毒引起严重的呼吸系统疾病，其中 6 人死亡。2013

年 3 月 31 日，中国报道全球第 1 例人感染 H7N9 流感病例以来，禽流感再次引起人们的关注。虽然，目前还没有发现禽流感病毒具备人传人的能力，但它们均属甲型流感病毒，而甲型流感病毒变异频率高，有可能通过抗原变异或通过与人流感病毒发生基因重组，形成重组变异株，从而具备人传人的能力。

目前普遍认为，控制禽流感传播最有效的措施就是迅速消灭传染源和切断传播途径。活禽市场作为城市人群感染禽流感的重要暴露场所，自然被视为 H7N9 流感感染的主要风险来源。为减少人暴露和感染 H7N9 型流感风险，我国部分地区采取关闭活禽交易市场或按固定时间段休市等措施来防控禽流感，这一措施的出台引起了社会广泛关注和激烈讨论。经实践和科学研究表明，休市是切断禽流感传播的有效措施之一，可有效减少人暴露和感染 H7N9 流感风险，广东省施行“一日一清洗、一周一消毒、一月一休市、过夜零存栏”即“1110”措施管理活禽交易市场后，人感染 H7N9 流感病例数显著下降。开展休市的依据主要是：

(一)禽流感是人流感的根源，防控好禽流感至关重要

20 世纪 4 次人流感世界大流行有 3 次与禽流感密切相关，造成这 3 次大流行的病毒基因全部或者部分源自禽流感病毒。其中第一次大流行(西班牙流感)病原体是 H1N1 亚型病毒，病毒的 8 个基因节段全部来自于禽类。种系发生分析表明，这次大流行的流感病毒的 HA 基因虽更接近于禽流感病毒，但它属于哺乳动物流感病毒。有关专家推测可能是禽流感病毒全基因先传给猪再传给人。第二次大流行(亚洲流感)由 H2N2 亚型病毒引起，研究证实，这一亚型是人和禽流感病毒通过基因重配而来，其 HA、NA、PB1 3 个基因片段来源于禽流感病毒，其余的基因片段来自当时人流感病毒。第三次大流行(香港流感)由 H3N2 亚型病毒引起，研究表明，这一亚型也是人和禽流感病毒通过基因重配而来，其 HA 和 PB1 基因来源于禽流感病毒，其余的基因节段来自当时人流感病毒。这些研究表明，人间多次流感大流行的起源，禽流感与之关系密切。

1997 年中国香港发生首例人感染 H5N1 禽流感病毒后，通过 RT-PCR、核苷酸序列分析等方法对 H5N1 感染者的 H5N1 流感病毒进行分析，发现在 HA1 和 HA2 断裂位点邻近插入了一个由多个碱性氨基酸组成的结构，此结构也见于高致病性的H5禽流感病毒中，通常在人流感病毒中是没有的。流行病学研究发现，此次暴发的传染源主要是染疫的禽类，人接触染疫的禽类而受感染。这表明，禽流感病毒通过突变具备了直接感染人类的能力，必须采取有效措施，减少人暴露于传染源的机会。

（二）活禽交易市场是禽流感病毒污染最严重区域

从2014年开始，广东省动物疫病预防控制中心对广东省活禽交易市场开展禽流感监测工作，监测结果发现，活禽交易市场特别是农贸市场和批发市场是禽流感病毒污染率最高区域，在任何时间段，活禽交易市场禽流感整体污染率均高于30%。活禽交易市场也是H5、H7和H9等亚型病毒最主要的滋生地，其场点污染率和样品阳性率较养殖环节均高出数倍。

（三）活禽市场是人群感染禽流感的重要暴露场所之一

活禽交易市场是人感染禽流感病毒的重要暴露场所之一，人群通过呼吸道、密切接触而感染。活禽市场在公共卫生方面的弊端甚多：①交易和宰杀场所面积狭小，通风较差，遍布污水的潮湿环境有利于病毒生存；②从事畜禽销售、屠宰的高危人群，普遍缺乏防治禽流感的知识，自我保护意识差；③监管体制及部门之间衔接有间隙，监管不力，存在多头监管、报检和检疫等问题。

（四）活禽交易市场是禽流感病毒重组变异、繁殖传播的核心环节

根据香港活禽市场管理措施效果评价结果，与不休市相比较，实行每月休市1天同时休市时活禽“零存栏”，活禽粪便样本禽流感病毒（H9N2）分离率明显降至0～0.01%；与每月休市2天（次）相比较，实行每日禁止活禽过夜（每日营业结束后，所有活禽必须售卖或者屠宰完）后，鸡粪便禽流感病毒（H9N2）分离率降低了84%，其他活禽粪便的分离率降至0，提示短时间休市可降低人感染禽流感的风险，但活禽“零存栏”，尤其是“日零存栏”，比单纯短时间休市更能有效阻断禽流感病毒的传播。所以，建议仿效香港活禽市场的管理模式，在切实落实定期休市措施的基础上，实施活禽摊档“日零存栏”；有条件的地方，可鼓励适当延长休市时间或者采取季节性休市。

（五）落实休市制度的几点建议

一是加强科普教育和宣传，提高市场经营者思想觉悟，主动配合休市消毒工作。基层工作人员要加强对社会公众预防禽流感知识的宣传教育，可以采取多种形式，如培训班、网络培训和知识问答等，宣传疫情对人类的危害和活禽市场存在的隐患。

二是发展冷链产业，体现休市的必要性。从欧美国家的经验看到，发展冷链产业不仅不会影响禽类的消费，反而推动家禽产业转型升级，增加销售数量。但从我国各地的发展情况来看，目前要加快家禽定点屠宰的立法进程，推进家禽定点屠宰及集中检疫制度，还应加快出台家禽屠宰、检疫、加工、运输销售的全套标准体系。发展我国的冷链产业，有利于改变百姓吃“现杀鸡”的消费观念，以及农户小规模、非标准化的养殖模式，促进家禽业的健康稳定发展。

三是强化日常监管和检疫，确保休市制度落实到位。第一，各级政府应加大农贸市场活禽经营监管，实行持证上岗制，取缔无证经营。建立相应的产品质量追溯制度，确保产品流通的安全可靠。第二，建立部门间联动工作机制，采取多部门联合执法，形成严密的监管网络，大力整顿活禽市场，确保休市制度落实到位。各部门之间要建立对活禽市场监管的长效机制，防止不符合规定的活禽经营反弹。第三，加强检疫，对染疫或疑似染疫、病死或死因不明的禽类不准宰杀，不准食用，不准出售，不准转运，严格采取无害化处理措施，严禁没有检疫证明的活禽及禽类产品上市销售。

89. 如何落实好 1110 制度？

1110 制度是指活禽经营市场“一日一清洗、一周一消毒、一月一休市、过夜零存栏”的防控措施。根据广东省政府的工作部署，为切实做好人感染 H7N9 流感源头防控工作，落实活禽经营市场“一日一清洗、一周一消毒、一月一休市、过夜零存栏”的防控措施，2014 年 2 月，省防控人感染 H7N9 流感疫情专家组制定了《广东省活禽经营市场“三个一”防控措施技术要求》。为了落实好 1110 制度，建议以下做法：

(一)“一日一清洗”可以清洗为主，消毒为辅，认真做好收档后的清洗消毒工作

市场开办方应按照规定做好交易场地(含无害化处理间、屠宰间，下同)的清洗消毒工作，并督促经营户做好栏舍、笼具、用品等的清洗消毒工作。要认真做好消毒记录，如实记录消毒时间、消毒药物名称以及消毒人员等情况。消毒记录保存两年以上。交易场地在每日收市后应具体做到：

(1)清除　必须把档口内禽类粪便、羽毛和下脚料等垃圾、污物清除干净，用塑料袋将垃圾、污染物密封，并加入消毒剂。

(2)清洁　用水将笼具、案桌、脱毛桶、刀具、砧板、地面、下水沟渠和店面周边地面冲洗、清扫干净。要求达到肉眼观察无羽毛、血迹等异物，无残留粪便。

(3)消毒　主要对清洁后的台面、地面进行消毒，可用 10%含氯消毒粉按 1 袋(规格 20 g/袋)加入 5 kg 水中，搅拌混匀，用喷壶喷洒，或擦拭或拖地，作用 30 min 后再清洗。

(4)清洗　用清水把消毒后的器具冲洗干净。

车辆和笼具清洗和消毒：车辆是高致病性禽流感和其他病原进入市场的高风险因素。活禽批发市场出入口应设置车辆清洗消毒设施设备并坚持使用。进入市场的车辆，在进口处喷洒消毒剂。由于运输车辆和笼具中存在大量粪便和泥土，因此喷洒的消毒剂难以起到作用，建议采取干洗和水洗相结合的方式，干洗是对车辆和笼具进行刮、刷和扫；水洗是用去污剂和高压水清洗。运载车辆卸载动物后，应及时清洗、消毒，要求达到无羽毛、粪便及其他污物残留。运载车辆装载动物前，须在指定位置清洗消毒。使用过的笼具清洗后需进行浸泡消毒 15 min。

经营户根据每天的销售情况，合理安排进货，家禽批发市场尽量减少过夜家禽的存栏量，农贸市场做到家禽不过夜。

(二)“一周一消毒”须清洁消毒并重，清除卫生死角

活禽市场开办方每周确定一天，于当天收市后进行大扫除。应具体做到：

在“一日一清洗”的基础上进行，重点对清空后的禽舍、禽笼、喂食具、运输工具等进行全面清扫清洁，清扫粪便、垫料前先洒消毒水，防止扬尘。

对下水道、店面周边地面、排泄物进行彻底大扫除，不留死角。清扫要求达到地面、笼具、用品无羽毛、粪便及其他污物残留，隔离网或墙面无灰尘或污物黏附。

清洗干净后用按上述要求配制的消毒液进行全面喷洒，或擦拭，消毒作用 30 min。重点是地面、隔离网、笼具、用品等。

用清水将消毒液冲洗干净。

(三)“一月一休市”要清空存栏活禽，彻底清洁消毒

根据当地政府的统一安排，市场开办方确定每月的休市日期，并提前通知市场内的经营者，防止因休市期间家禽无处存放而将市场家禽运回养殖场。在休市期间，活禽市场经营者应具体做到：清空存栏，实现零存栏休市。彻底清除粪便、垃圾和杂物。疏通下水道，并把档口地面、墙面、店面周边环境清洗干净。全面大清洗后，用按要求配制的消毒液进行彻底的消毒。

市场应设置固体废弃物和尸体收集和贮存区域，对废弃物和病死禽只进行无害化处理。

(四)个人防护要求

应使用的防护用品有：防水围裙、一次性口罩、手套、长筒胶鞋、工作帽。佩戴口罩时要注意盖住鼻孔。清洗消毒结束后，将围裙、工作衣、用具等用品放在按要求配制的消毒液内浸泡 30 min，用清水洗净晾干。在进餐，饮水，触摸眼、口、鼻之前以及离开档口时应当洗手。洗手时间 1～3 min，洗手时最好使用肥(香)皂或洗手液。不在档口内吃饭睡觉。

90. 推行“集中屠宰、冷链运输、冰鲜上市”的好处有哪些？

家禽“集中屠宰、冷链运输、冰鲜上市”是指在农贸市场、餐饮单位、超市等单位取消活禽交易，销售和使用由家禽集中(定点)屠宰企业屠宰加工，经预冷处理，用专业运输车辆冷藏(0～4℃)当天统一配送至市场销售的运作模式。之所以要大力推行“集中屠宰、冷链运输、冰鲜上市”模式，主要原因是当前的活禽交易模式有利于流感病毒的滋生、传播。目前活禽交易存在以下问题：

(一)活禽批发市场存在的问题

活禽批发市场中，禽种构成多样。广东地区主要批发市场的禽种有鸡、鸭、鹅、鸽、鹌鹑、鹧鸪等，其中鸡又分为快大鸡、中速鸡、土鸡，以及阉鸡、淘汰老母鸡、竹丝鸡(乌鸡)等。家禽处于高度应激状态。禽只经过长途运输,处于饥渴、惊吓状态,机体抵抗力差,禽只存放密度大,利于病原的传播。家禽在批发市场存留时间短(广东批发市场存留时间以 1～3 天为主),家禽与病毒在批发市场中不能形成一个相互作用的完整病程,而是一批家禽受感染后很快排毒,又感染下一批家禽,活禽批发市场内可构成病毒循环生态系统,相当于一只看不见的大自然的手在不停地做人工发病试验,每 1～3 天一批,从不间断,故活禽交易市场成为禽流感病毒贮藏和繁殖的重要场所。同时,市场中存在着大量各种亚型的禽流感病毒,存在同一只家禽同时感染多种亚型禽流感病毒的可能,为不同亚型间禽流感病毒的重组提供了条件。

(二)活禽零售市场存在的问题

零售市场除了具有活禽批发市场的生态环境外,还具有同一档口混养多个禽种的情况,批发市场虽然禽种繁多,但一般不混养。农贸(肉菜)等活禽零售市场同一档口中有多个品种的鸡同时存在,并与鹌鹑、鸭、鹅、鸽等其他禽种混杂,禽只应激强度大,每批之间没有间断,该生态系统更易于病毒循环增殖。一旦有阳性禽只进入,由于在批发市场感染的鸡只已逐渐进入排毒高峰期,排毒量激增,经过几批次鸡的传代可大量增殖,环境中的病毒浓度可达到或超过感染人的阈值。同时,中心城区人口密集、空气质量不高等因素,加大了活禽将病原传染给人类的概率。另外在一些酒楼食肆活禽现宰场所,亦存在着与零售市场相同的生态环境,也需引起关注。

由于活禽批发市场的家禽处于应激状态,各种病毒、细菌污染严重,为禽流感病毒贮藏、重组、滋生繁殖提供了的良好的生态环境。绝大多数养殖场的禽只出场时是“干净”的,在进入交易市场这一环节被污染上病毒。水禽作为禽流感病毒的天然贮存宿主,可携带各种亚型的病毒,在家禽批发市场流感病毒的增殖、传播和重组中起重要作用。当前活禽批发市场要求水禽与旱禽分区交易,但流感病毒可通过气溶胶较长距离的传播,现有的分区距离很难阻止病毒传到旱禽区。水禽在批发市场中逗留时间较长,受市场因素影响,每批水禽售出时间 1～4 天不等。最理想的方式是水禽直接进屠宰场,实行冰鲜上市,或建水禽专用的批发市场,与旱禽完成分开。

鉴于以上情况,推行“集中屠宰、冷链运输、冰鲜上市”模式有以下三点好处:

(一)可消除病毒滋生场所

相对于活禽批发市场,农贸(肉菜)市场等活禽零售市场多种家禽混养,各种病毒、细菌污染更为严重,为禽流感病毒贮藏、重组、滋生繁殖提供了的绝佳的生态环境。由于 H7N9 流感病毒只能在活体家禽中繁殖,推行"冰鲜鸡"上市后,可彻底改变这一生态环境,有效消除存在的病毒。由于鸡感染病毒后需一段时间才排毒,缩短存留时间,即在其排毒前即进行屠宰,也可有效切断传播链。

(二)提升市区的卫生状况,有效降低人的感染风险

市区各大市场内进行活禽交易,导致市场环境恶劣,卫生状况堪忧。一方面,大量活禽放置在市场内,其粪便囤积现象严重,容易产生异味,恶臭时常相伴,影响市场及周边空气质量;另一方面,因市场内没有设置家禽集中屠宰点,一般由销售活禽的商铺铺主在商铺前就近宰杀,以致商铺门前经常污水横流,极易滋生蚊蝇,进而滋生病菌,危害人们健康。实施家禽"集中屠宰、冷链运输、冰鲜上市",既能提高农贸市场卫生水平,又能减少屠宰家禽时产品的废弃物,减少对环境造成的污染,降低城市垃圾处理压力。

家禽是 H7N9 流感病毒的动物宿主,活禽交易市场在禽流感感染和传播过程中起着重要作用。为了预防禽流感,许多发达国家和地区均实施了禽类冰(生)鲜上市。这些措施使市场中禽流感病毒污染水平显著降低,市场卫生状况得到明显改善,无论是对禽类销售从业人员,还是对于社会公众,均有降低人感染禽流感病毒的功效,切实保护了从业人员和公众的健康。

(三)促进家禽产业转型发展,延伸产业链,增强抵御市场风险的能力

家禽经营管理不仅事关禽流感等疫病的源头防控,同时也关系着家禽产业的转型升级。从最近几年的市场反应来看,传统的家禽养殖方式和活禽配送销售方式,已难以适应现代动物防疫和质量安全控制体系的要求,同时也难以抵御市场风险。当禽流感等疫情发生时,防疫部门往往会采取扑杀疫区内家禽、强制免疫、封锁疫区禽类产品流动、关闭疫区家禽交易市场等紧急措施控制疫情扩散。与此同时,公众对家禽的消费信心指数也会随之急剧下降。这两个因素叠加在一起,即便有政府补贴,也难以抵消整个产业蒙受的损失。采用"集中屠宰、冷链运输、冰鲜上市"的新模式,家禽可在最佳出栏时期进行屠宰加工，通过冰冻进行保存，避免了价格的波动，克服了产业因禽流感而引起的市场周期。

91．如何做好我国家禽业转型升级？

当前，家禽业正处于由大到强、由传统向现代加速转型时期。禽流感事件导致禽产品消费疲软，供应过剩的局面，对家禽业影响巨大。对于家禽业转型升级，要做好以下工作：

(一)树立品牌战略

应该围绕中国人的口味和消费习惯开发更多的产品，这才是今后的发展道路。面对困难的行业形势，要做的不是抱怨，而是“不等不靠”。行业的出路在品牌，好的品牌意味着好的口碑，这样的产品更能够得到消费者的信赖，好产品也就有了好的价格，这是良性循环。着手宣传工作，打造品牌，让消费者消除消费顾虑。对行业企业来说，做好品牌是行业企业发展的出路。

(二)增强环保意识

在环保问题上，宜采取“两头补”的形式，即对无害化处理生产有机肥和农业生产中有机肥使用两方面给予补贴，以加快有机肥代替化肥速度，同时更好地解决畜牧养殖污染问题。

(三)做好政府扶持协调

从政府层面，对产业发展进行引导、扶持和推动，在融资、用地、税收、宣传、市场开发、环保治理、有机肥使用等方面给予一些优惠措施和支持行动，协调解决一些重大问题。

(四)加强资金支持

在资金方面，资金链往往是最容易出现问题的，政府虽然在要求金融部门支持畜牧企业方面做了很多工作，但实际操作中并没有太大改观。

(五)建立准入机制，做好行业监管

家禽行业建立准入机制，只有符合行业准入要求的企业才可以开展家禽生产，政府在疫病控制和药品使用方面加强监管。

(六)改善养殖模式

从当前以农户散养为主的饲养模式，逐步转变为以规模化养殖为主的养殖模式，提高养殖企业的生产效率和疫病防控能力。

(七)加强信息化建设

利用日益发展的信息化技术，加强养殖业的信息化管理，可利用微信、扫描二维码等方式加强对家禽产品的信息溯源能力，建立行业内的可追溯体系，从而推动家禽产品质量安全体系的建设。

(八)科技创新促进转型升级

(1)动物疫病防控技术创新　开展动物疫病的综合防控技术研究及重大疫病的净化与根除，通过技术和产品的集成与应用，实现少打针、少用药、环境友好，绿色健康养殖。

(2)畜禽营养与饲料创新　目前饲料利用效率低，饲料资源短缺，饲料安全问题突出。通过创新饲料技术，开发绿色饲料，提高饲料转化效率，研发抗生素替代产品。

(3)畜禽养殖废弃物资源化利用创新　通过技术与产品的集成与应用，实现种养结合、变废为宝、生态养殖、环境友好。

(4)养殖设施设备创新　通过技术和产品的集成与应用，实现养殖的自动化、智能化、信息化。(王晓峰，2010；陈焕春，2015)

92．政府防控 H7N9 流感的政策有哪些？

2017 年 4 月 2 日，国家卫计委发布《人感染 H7N9 禽流感医院感染预防与控制技术指南(2013 年版)》，这是我国卫生领域专门针对 H7N9 防控的技术性文件。

2013 年 4 月 7 日，农业部发布《农业部关于印发〈动物 H7N9 禽流感紧急监测方案〉和〈动物 H7N9 禽流感应急处置指南(试行)〉的通知》(农医发〔2013〕13 号)，这是我国农业领域首个专门针对 H7N9 的政策性文件。

2014 年 6 月 24 日，农业部发布《农业部关于印发〈全国家禽 H7N9 流感剔除计划〉的通知》(农医发〔2014〕22号),旨在通过监测、流行病学调查和市场链分析,掌握家禽H7N9流感病毒时间、空间、群间分布状况。及时清除家禽养殖、市场流通等重点环节中家禽H7N9流感病毒,有效降低病毒向人传播的风险,降低病毒由活禽市场向养禽场传播的风险。随后各地也制定了相应的管理办法,包括对活禽市场的管理规定。

2016年8月22日,农业部发布《国家高致病性禽流感防治计划(2016—2020年)》,主要目标为:到2020年,全国所有种禽场达到净化标准;生物安全隔离区和海南岛、辽东半岛、胶东半岛达到非免疫无疫标准;北京、天津、辽宁(不含辽东半岛)、吉林、黑龙江、上海、山东(不含胶东半岛)、河南达到免疫无疫标准;其他区域维持控制标准。高致病性禽流感防治能力明显提升,在巩固H5亚型高致病性禽流感防控效果的基础上,建立健全H7亚型高致病性禽流感风险防范、监测预警和应急处置机制,有效防范H7亚型禽流感风险,有效保障养禽业生产安全、家禽产品质量安全和公共卫生安全。

2017年8月17日,国家卫计委发布《关于进一步加强活禽经营市场管理的通知》(国卫应急发〔2017〕44号),对活禽经营场所的属地责任、经营管理责任、硬件条件、管理制度、活禽经营场所的关闭与恢复等进行了详细规定,为当前活禽经营管理的指导性文件。

93. 农业部门和卫计委系统应怎样做好H7N9流感防控?

(一)农业部门

(1)加强监测预警　各地要按照国家动物疫病监测计划要求,结合全国家禽H7N9流感剔除计划,认真做好监测和流行病学调查工作。及时发现、清除家禽养殖、市场流通等重点环节存在的隐患。出现人感染病例的地区,要加强患者所在地及周边地区活禽市场和养禽场的监测排查。国家禽流感参考实验室要继续跟踪病毒变异情况,加大病毒生物学特性等研究力度,提升防控技术。

(2)强化活禽市场防疫管理和活禽调运监管　各地畜牧兽医部门要积极配合有关部门强化活禽市场防疫管理,落实定期休市、消毒等制度。动物卫生监督机构要加强对跨省调运家禽的检疫监管。对跨省调运的种禽种雏，要严格执行到达报告和隔离观察制度。

(3)加强部门协作　各地畜牧兽医部门要加强与卫生计生等有关部门合作，按照各自职责分工，严格源头控制，强化措施联动，有效开展防控工作。

(4)做好各项应急准备工作　各地要进一步强化应急防控管理，规范应急程序，加强应急队伍建设和应急物资储备，不断提升应急处置能力。要加强应急值守，严格执行24 h专人值班和领导带班制度。一旦检出动物H7N9病原学阳性样品，要严格按规定进行处置并开展追踪调查。

(5)加强宣传和信息发布　要继续坚持“及时准确、公开透明”的原则，定期发布防控信息，增强信息发布的主动性和实效性。加强防控知识宣传普及，引导社会公众科学理性消费禽类产品。

(二)卫计委系统

(1)要继续把患者救治作为第一任务，认真研究、总结和推广医疗救治的经验，不断完善治疗方案　加大对基层一线医务人员的培训力度，提高人感染H7N9流感病例早期识别、重症与危重症救治能力。加强病例筛查和早期诊断，努力实现早发现、早报告、早诊断、早治疗。集中优势医疗资源，加强重症救治，最大限度降低病死率。发挥好发热门诊作用，落实医院感染控制措施，切实防范院内感染的发生。做好医疗卫生机构床位、医疗设施、药品和防护用品等医疗资源准备和调配工作，尤其是保证抗病毒药品及时、足量供应。同时，继续落实好患者医疗救治费用相关政策，确保患者得到及时救治。

(2)要切实做好疫情监测、报告和分析研判工作　要立足防，强化治，防治结合。继续做好疫情监测和信息报告工作，加强流感样病例和不明原因肺炎病例的监测，开展对重点人群和外环境的监测。及时开展风险评估，研判疫情形势，深入开展流行病学调查，掌握病例的暴露情况和临床特点，尤其要重视对聚集性病例的调查和分析，及时发现疾病传播特征的变化。研究和把握疫情发展规律，不断完善有效的防控措施。

(3)要继续协调相关部门落实源头控制措施　卫生计生部门及时向疫情发生地政府提出有针对性的源头控制措施建议。同时，继续做好爱国卫生运动，加强活禽经营市场卫生治理，改善环境卫生水平。

(4)要继续普及防控知识　坚持公开透明、及时准确地通报疫情和防控工作情况，积极向公众宣传防控知识，增强公众自我防护意识。

(5)要认真做好节假日期间疫情防控工作　安排节假日期间的防控和应急值守工作，确保二十四小时联系畅通，确保节假日期间各项疫情防控的有效落实。

94. 国际组织 WHO 提出了哪些 H7N9 流感应对措施？

虽然现在还不能做到完全阻止 H7N9 流感病毒的肆虐，但是可以做到推迟或者延缓该流感病毒的流行传播速度，降低该流感病毒的发病率和死亡率，减少该流感病毒对人类生理健康和社会生产、学习、生活的不良影响。

WHO 预案中应对策略的原则首先是要有准备(包括计划、资源)和协调合作(包括国际社会间、政府部门间、政府与民众等)；第二是监测与评估；第三是预防与控制(包括公共卫生干预，抗病毒药物和疫苗的研发、生产、储备和使用)；第四是卫生系统的应对；第五是风险沟通(唐耀武，2009)。

WHO 在应对预案中提出的具体措施之一，即是在流感病毒大流行的初期对其进行快速遏制。在 H7N9 暴发之初即需要根据《世界卫生组织流感大流行快速遏制指南》进行快速遏制，国家当局和世界卫生组织需要对所有相关的技术、运作和政策因素进行联合和快速评估，即：①有说服力的证据表明，可能造成流感大流行的病毒已具备在人际间进行高效传播的能力，可维持社区层面的暴发流行；②具有充足的理由证明不应再尝试快速遏制行动(WHO，2009)。是否建议继续实施快速遏制行动取决于专家对形势、相关科学问题和操作可行性等因素的评估。当有证据表明流感大流行的病毒已经广为扩散，遏制行动已不可行或者在操作层面上不可能快速实施必要的措施，那么可以不再尝试快速遏制行动。如果实施快速遏制行动，WHO 将继续为受影响国家提供遏制行动的管理和技术方面的建议和支持，如对大流行性流感疫苗的成分提供建议。

在 H7N9 高致病性禽流感暴发之际，我国政府就采用“高度重视、积极应对、联防联控、依法科学处置”的原则迅速行动，通过采取依法管理、严格口岸检验检疫工作、扩大流感监测网络和哨点医院、加强患者救治和密切接触者管理、加快疫苗和药物研发生产工作、积极开展与 WHO 及有关国家的交流合作、加强新闻宣传和健康教育、及时透明地向社会发布疫情信息等一系列综合措施，极大地控制了 H7N9 高致病性禽流感病毒在我国的流行和蔓延（唐耀武，2009）。虽然在流感暴发之初即进行快速遏制行之有效，但是也要根据各项具体技术进行客观科学的总结和评估。

H7N9 流感病毒的大流行的具体干预措施还包括药物性和非药物性干预措施两类。药物性干预措施包括疫苗和抗病毒药物。但是药物和疫苗的生产和使用对于一些经济较为落后的发展中国家并不能普及，所以，针对这些国家，非药物性干预措施可能将是控制疫情蔓延的唯一途径。常见的非药物性干预措施包括个人卫生、检疫、隔离、消毒、对重点人群早期治疗、医院内感染控制、公共卫生信息沟通和旅行措施等。具体来讲包括两个层面即政府和公众的共同参与。我国政府在 2003 年 SARS 和 2009 年甲流的成功防控过程中已经积累了非常宝贵的经验，即在流感病毒大流行期间政府的领导能力、组织能力和协调能力三者的协调运作是非常重要的。从具体技术上讲，要加强疫情的监测报告，分析疫情动态；向公众公布疫情，大力宣传科学防治知识；疾病控制业务部门要及时调查处理多发、暴发疫情，控制其蔓延传播，这里仍然包括对密切接触者的随访管理，也包括必要时依法采取局部的社会隔离措施等；面对大量出现的患者，要发挥各级医疗机构的作用，分级分工做好患者的医疗救治服务，指导大量轻症患者进行居家隔离治疗，特别高度关注重点人群的早期及时治疗以降低病死率，同时防控医院内感染，做好疫情报告和社区内相关预防控制工作；依法进行国境检疫和必要时国内的交通检疫措施。对广大的公众来讲，密切关注疫情动态，从容面对，科学防控十分重要，建立良好的卫生习惯是防病的根本。针对流感的预防更要注意呼吸道传播问题，如不随地吐痰，咳嗽、打喷嚏要用手帕或纸巾掩住口鼻；必要时（如看望患者、疫情流行时到人员密集空气不流通的场所、自己感冒要就医外出时等）正确使用口罩（口罩的选择、佩戴、更换、保存等）；注意洗手；护理流感患者时注意个人防护；患流感后不要带病坚持工作，应注意不要传播别人和就医的注意问题；配合政府和卫生防病部门采取有关措施（如流行病学调查、采样、必要的医学观察、预防接种等），发现疫情义务报告等。广大公众掌握预防知识，提高自我防范能力在预防控制流感的大流行中具有至关重要的作用。

疫苗的注射是WHO提出应对流感病毒大流行以及降低流感病毒对人类健康影响的最为有效的药物干预措施（WHO，2009）。尽管目前研发的疫苗已经能够预防当前流行的H7N9流感，但是预测流感病毒接下来的变异趋势并且开发出相应的疫苗依然困难重重。美国准备在必要时6个月内陆续分批生产出足够全民使用的疫苗，同时还制定按优先原则逐步扩大接种人群的计划，首先是在关键职业人群上从重要职责人员、应急服务部门、关键医疗卫生人员等逐步扩大到相关部门人员；在重点人群上从孕妇、婴幼儿扩大到高风险儿童学生、高危成年人，直到所有其他人群。还从接种地区的顺序安排上，从疫情传入地区，人口集中、流动大的地区逐步到所有的地区。我国虽有所准备，但毕竟疫苗生产的能力还有很大差距，为此同样要根据流行的特点和趋势来确定适合我国的疫苗接种策略和具体办法，在全球大流行的背景下对疫苗的需求还是要建立在自力更生上。

作为一个新的疫苗必须保证它的安全和有效，而且在接种的剂量、接种的针次、各类人群的适应性、各种剂型、副作用等方面有许多需要研究的问题，更具挑战的是病毒的变异动态。一旦经过国家批准使用新的流感疫苗，应及时出台接种的指导意见和方案，还有如何科学、安全、有序组织好实施接种的问题。此外，继续做好季节性流感疫苗的接种工作也不容忽视，首先非常现实的问题是季节性流感的继续流行会造成医疗卫生服务中大量的鉴别诊断、疫情的调查处置等，也存在两者同时流行所造成的流感流行强度叠加作用的问题。

WHO在2009年发布的《抗病毒药物的推荐使用问题》中，首先是对优先人群的建议。确定优先人群时应考虑伦理、道德、法律和其他可能的因素（WHO，2009）。抗病毒药物储备需要能够匹配优先人群的需求，同时需要建立快速分发机制与程序，建立抗病毒药物安全性、有效性和对病毒株敏感度的监测。优先人群主要是早期治疗的患者、职业暴露的医务人员及其家庭成员。

95. 在 H7N9 流感防控形势下，如何树立科学的禽肉消费观？

常见的消费者心理有四种，分别是：从众，求异，攀比，求实。

从众心理：具有仿效性、盲目性。评价：消费是否该从众，要具体分析。盲目从众不可取。

求异心理：追求标新立异、与众不同。评价：它的利在于可以推动新工艺与产品出现，而弊在于展示个性不但要考虑社会认可，还要考虑代价。为显示与众不同而过分标新立异，是不值得提倡的。

攀比心理：面子消费。评价：这种消费心理不可取。

求实心理：消费者在选择商品时往往考虑很多因素。评价：讲求实惠，根据自己需要选择商品，是一种理智的消费。

科学消费观的主要原则是：以人为本、扩大消费、公平消费、循环消费、持续消费。坚持以人为本，便民利民，促进人的全面发展。科学的消费观包括理性消费、适度消费、绿色消费、勤俭节约。

(一)理性消费

人们的消费行为始终受到消费心理的影响，如从众心理、攀比心理等会导致消费者的不理性消费，所以切记在消费中注意避免盲目从众。另外，要尽量避免情绪化消费，由于一时头脑不冷静而造成浪费。要坚持从个人实际需要出发，理性消费。从防控 H7N9 以及其他人兽共患病角度来说，理性消费非常重要。多数人感染 H7N9 病例有活禽接触史，因此改变或转变只吃活禽、鲜肉的习惯，接受和习惯冰鲜肉，可大大降低感染的风险。

(二)适度消费

要正确认识和做到适度消费，首先，要做到消费支出应该与自己的收入相适应；其次，在自己经济能力范围之内，应该提倡积极、合理的消费而不能抑制消费，应该充分发挥消费对生产的带动作用。为了防止通过肉食品消费感染禽流感和其他疫病，要坚决杜绝消费野生鸟类和野生动物的习惯。这往往是一种求异和攀比心理。人类许多疫病都是通过侵入、破坏野生动物自然生长环境，并食用野生动物带来的，为了保护野生动物和人自身，拒绝消费野生动物。

(三)绿色消费

我们国家提出了实施“可持续发展”和“科学发展观”，大家也应该从自身出发，保持人与自然的和谐发展，进行绿色消费，即：节约资源，减少污染；绿色生活，环保选购；重复使用，多次利用；做个绿色消费者。坚持以人为本的原则，尽可能减少与家禽和野生动物不必要的接触，尤其是与病、死禽的接触。勤洗手，远离家禽的分泌物，接触过禽鸟或禽鸟粪便，要注意用消毒液和清水彻底清洁双手。

(四)勤俭节约

勤俭节约是中华民族的传统美德，不是一种具体的消费行为，而是一种民族精神。作为精神，它是永远不过时的。我们更应该发扬勤俭节约、艰苦奋斗的优良作风。

96．群众对 H7N9 流感的“知、信、行”具体指什么？

面对冬春季易发的各种呼吸道传染病，作为一名公民应树立科学的“知、信、行”，无谓的恐慌和麻痹大意的态度都是不可取的。

(一)知

“知”，指的是居民应当了解、掌握防控知识和技能。目前，卫生界已明确 H7N9 流感病毒对热敏感，56℃加热 30 min 或煮沸（100℃）2 min 以上即可灭活，但其对低温抵抗力较强。到目前为止，发现的病例多有直接或间接的禽类接触史，专家认为传染源为携带 H7N9 流感病毒的禽类。传播途径主要是呼吸道传播，也可通过密切接触感染的禽类分泌物或排泄物，或直接接触病毒感染。在发病前 1 周内接触过禽类者，例如从事禽类养殖、贩运、销售、宰杀、加工业等人员尤其要注意防范。

(二)信

“信”，指的要树立正确的防控意识和观念。任何传染病的发生和流行都必须同时具备传染源、传播途径和易感人群三个环节。目前各地有序落实多部门合作的联防联控工作机制，对于隔离传染源、阻断传播途径和保护易感人群是切实有效的。实践证明，对于包括人感染 H7N9 流感在内的各种传染病，只要大家不漠视、不恐慌，积极配合政府有关部门落实综合防控措施，任何疫情都是可以得到有效控制的。

(三)行

"行"，指的是居民在工作和生活中要采取科学的防控措施。针对人感染 H7N9 流感的防范，专家总结了行之有效的健康行为守则。就个人卫生来讲，专家强调要"科学洗手，文明咳嗽，充足睡眠，增强体质"；就工作场所和居家健康，专家强调要"开窗通风，生熟分开，远离活禽，环境整洁"。出现发烧、咳嗽、头痛、浑身疼痛等呼吸道感染症状者，尤其是出现高热、呼吸困难者，应戴上口罩，及时就医。早发现、早报告、早诊断、早治疗可有效提高治愈率、减少并发症。年老体弱者及患有糖尿病、慢性阻塞性肺部疾病、心血管疾病等基础疾病者，以及患有先天性或获得性免疫缺陷病和肿瘤等重大的慢性消耗性疾病者，应尽量少去空气不流通和人群拥挤的场所。

参考文献

鲍琳琳，朱华，邓巍，等. 2014. 新型 H7N9 病毒在同居小鼠中的传播途径[J]. 中国实验动物学报，22(1)：27-31.

蔡宝祥. 2001. 家畜传染病学[M]. 4 版. 北京：中国农业出版社.

曹广文. 2013. 新型 H7N9 流感防控中的公共卫生问题与应对对策[J]. 第二军医大学学报，(6)：581-584.

曹蓝，陈艺韵，鲁恩洁，等. 2016. 广州市 2015 年禽类市场禽流感流行病学监测[J]. 中国动物检疫，33(8)：8-12.

陈恩富，柴程良，孙继民，等. 2013. 浙江省人感染 H7N9 禽流感流行特征与防控对策[J]. 中国公共卫生，(5)：625-627.

陈焕春. 2015. 关于当前我国养殖业转型升级的思考与建议. 中国畜牧生物科技大会上报告. http://www.7bei.cc/news/news-19479.html.

陈健，毛盛华，胡家瑜，等. 2013. 人感染 H7N9 禽流感流行特征与防控策略[J]. 第二军医大学学报，(6)：585-590.

黄珍霞，廖晓东. 2015. H7N9 亚型禽流感综合防控技术现状分析与对策研究[J]. 中国卫生事业管理，(12)：949-952.

鞠方涛，郭培培，于艳秋，等. 2014. 一种手消毒凝胶对 H7N9 流感病毒消毒效果观察[J]. 中国消毒学杂志，31(7)：698-703.

梁文涛，郑明学. 2006. 禽流感病毒消毒灭活及检测技术[J]. 中国家禽，14(28)：33-34.

林伟明，麦康荣. 2009. 运输应激综合征对肉鸡调运的危害及防制措施 [J]. 养禽与禽病防治，(10)：29.

刘方，蔡奕琪，胡就成，等. 2013. H7N9 流感疫情对东莞家禽经营环节公共卫生安全的影响及思考[J]. 广东农业科学，17：110-112.

刘华雷. 2013. H7N9 亚型禽流感病毒的分布与遗传来源分析[J]. 中国动物检疫，(5)：2-3.

刘倩，陈复辉. 2015. H7N9 禽流感病毒疫苗及其预防控制[J]. 中国感染控制杂志，(12)：865-868.

陆烨，胡国庆，李晔. 2014. 活禽交易市场 H7N9 疫情防控中的清洁消毒与效果评价[J]. 中国消毒学杂志，31(4)：393-395.

毛青. 2013. 科学认识 H7N9，有效防控人感染禽流感病毒[J]. 第三军医大学学报，(8)：693-695.

任成山，杨仕明，晋献春，等. 2013. 何谓 H7N9 禽流感——应正确认识和积极防治[J]. 中华肺部疾病杂志，(2)：76-78.

孙洪磊，刘金华. 2013. H7 亚型禽流感病毒对家禽和人感染回顾及 H7N9 亚型流感防控建议[J]. 中国兽医杂志，(3)：80-81.

孙银锁. 2011. 规模养殖场禽流感的综合防控措施[J]. 今日畜牧兽医增刊，(S1)：95-99.

谭伟，谢芝勋. 2014. H7N9 亚型禽流感病毒研究进展[J]. 动物医学进展，(12)：135-139.

王晓峰，钱勇，张晶鑫. 2010. 转型时期家禽行业如何成功突围[J]. 中国禽业导刊，(23)：2-10.

谢长庆. 2013. 加强家禽从业人员的个人防护与消毒[J]. 家禽科学，(12)：26-26.

杨娟，郑亚明，冯录召，等. 2014. 人用 H7N9 禽流感疫苗研究进展[J]. 中华预防医学杂志，(2)：157-160.

张毅，康京丽，王静静，等. 2013. H7N9 亚型流感病毒病原学及流行病学分析[J]. 中国动物检疫，(9)：27-30.

张烨，李晓丹，邹淑梅，等. 2015. 2009—2013 年我国活禽市场环境样本中禽流感病毒的检测[J]. 病毒学报，31(6)：615-618.

郑飞. 2011. 养殖场禽流感的综合防控措施[J]. 上海畜牧兽医通讯，(6)：36-37.

朱闻斐，舒跃龙. 2015. 新型 H7N9 禽流感病毒的病原学研究进展[J]. 生命科学，27(5)：518-524.

Arima Y, Zu R, Murhekar M, et al. 2013. Human infections with avian influenza A(H7N9) virus in China: preliminary assessments of the age and sex distribution[J]. Western Pacific Surveillance and Response Journal, 4(2): 1-3.

Bao C J, Cui L B, Zhou M H, et al. 2013. Live-animal markets and influenza A(H7N9) virus infection[J]. N Engl J Med, 368: 2337-2339.

Chen Y, Liang W, Yang S, et al. 2013. Human infections with the emerging avian influenza A H7N9 virus from wet market poultry: clinical analysis and characterisation of viral genome [J]. Lancet, 381: 1916-1925.

de Benedictis P, Beato M S, Capua I, 等. 2008. 禽流感病毒的理化消毒[J]. 中国家禽, 30(24):58-60. [2017-09-09]. DOI:10.16372/j.issn.1004-6364.2008.24.016.

Han J, Jin M, Zhang P, et al. 2013. Epidemiological link between exposure to poultry and all infuenza A (H7N9) conformed cases in Huzhou city, China, March to May 2013[J]. Euro Surveill, 18: pii20481.

Kung N Y, Guan Y, Perkins N R, et al. 2003. The impact of a monthly rest day on avian influenza virus isolation rates in retail live poultry markets in Hong Kong[J]. Avian Dis,47: 1037-1041.

Leung Y H, Lau E H, Zhang L J, et al. 2012. Avian influenza and ban on overnight poultry storage in live poultry markets,Hong Kong[J]. Emerg Infect Dis,18(8):1339-1341.

Qi X, Qian Y H, Bao C J, et al. 2013. Probable person to person transmission of novel avian influenza A (H7N9) virus in Eastern China, 2013: epidemiological investigation[J]. BMJ, 347: f4752.

Tong S, Li Y, Rivailler P, et al. 2012. A distinct lineage of influenza A virus from bats[J]. Proc Natl AcadSci USA, 109(11): 4269-4274.

Tong S, Zhu X, Li Y, et al. 2013. New world bats harbor diverse influenza A viruses[J]. PLoS Pathogens, 9(10): e1003657.

Wu Y, Tefsen B, Shi Y, et al. 2014b. Bat-derived influenza-like viruses H17N10 and H18N11 [J]. Trends in Microbiology, 22(4): 183-191.

Zhang Q, Shi J, Deng G, et al. 2013. H7N9 influenza viruses are transmissible in ferrets by respiratory droplet. Science, 341: 410-414.

Zhu H,Wang D,Kelvin D J,et al. 2013. Infectivity,transmission,and pathology of human-isolated H7N9 influenza virus in ferrets and pigs[J]. Science,341(6142):83-186.

Zhu X, Yu W, McBride R, et al. 2016b. Hemagglutinin homologue from H17N10 bat influenza virus exhibits divergent receptor-binding and pH-dependent fusion activities[J]. Proc Natl AcadSci USA, 110(4): 1458-1463.

第五章 进出境和对外贸易 H7N9流感的防控

97. 国境口岸防控H7N9流感的综合措施是什么?

2013年3月份以来,上海、安徽、江苏、浙江、福建、广东等部分地区相继发现人感染H7N9流感确诊病例,疫情增长较快,引起国务院领导高度重视。为保护出入境人员健康,防止疫情跨境传播,2014年1月24日,国家质检总局卫生司发布了《关于加强口岸防控人感染H7N9流感疫情工作的紧急通知》,对各直属检验检疫局提出如下要求。

一要高度重视防控工作,加强监测与信息报告。密切关注人感染H7N9流感疫情动态,加强口岸疫情监测,密切保持与卫生计生部门的沟通联系。指派专人负责疫情信息收集。发现疫情时,立即启动预警响应机制,将日常检验检疫监管等级从常规升至三级,重点加强对来自H7N9病例发生地区的出入境人员的卫生检疫。

二要加强口岸防控措施,落实责任到岗到人。加强口岸检疫查验,将各项防控措施分解到具体岗位,责任到人。强化体温检测、医学巡查和健康申报工作,对发现或申报有发热、咳嗽、呼吸困难等流感样症状的出入境人员,及时进行流行病学调查和医学排查,并做好记录。

三要加强疫情信息宣传,开展教育和咨询服务。在出入境口岸查验场所,候车、候船、候机厅(室)和国际旅行卫生保健中心,利用宣传栏、电子显示屏或发放宣传册等多种形式进行人感染H7N9流感的防治知识宣传,告知出入境旅客有关疫情信息，增强出入境人员主动申报意识和科学防病意识。针对疫情风险较高的航线，主动向出入境旅客宣讲防病措施。

四要强化联防联控机制，落实部门间的沟通合作。做好应急值守，加强联防联控，与当地医疗卫生、口岸管理、海关、边检、民航、交通、铁路等部门密切沟通合作，确保部门间疫情通报渠道畅通，完善疑似病例的移交、诊治流程，确定检测实验室、移交病例的指定医院，保证密切接触者的隔离留验场所正常运行。

五要做好应急防控准备，储备实验室检测技术。及时维护口岸体温检测设备，确保口岸体温检测设备运行良好。做好应急物资储备。结合疫情防控要求，对自身检测试剂、防护用品、卫生处理药械等器材进行一次安全检查，适时补充防护用品、卫生处理药械等器材，确保应急物资储备充足。

六要加强卫生处理工作，做好工作人员自我防护。对受染或有受染嫌疑的交通工具、货物、集装箱、行李、邮包和患者排泄物，按照有关技术规范实施消毒和无害化处理。

人感染 H7N9 流感疫情发生后，国家质检总局正式启动口岸三级预警响应，在全国范围开展口岸人感染 H7N9 流感疫情防控。在国家质检总局的协调下，广东、深圳、珠海等地检验检疫机构积极协同港澳台方面做好防控工作，并就如何强化口岸人感染 H7N9 流感疫情防控合作进行深入交流。2013 年 4 月 16 日，深圳检验检疫局与香港卫生署就两地人感染 H7N9 流感口岸检疫防控措施进行通报和交流，磋商了跨境学童检疫、“五一”假期赴港旅游、口岸点对点沟通机制等具体事项。4 月 18 日，珠海检验检疫局与澳门民政总署召开供澳活禽 H7N9 流感防控合作交流会议，通报了已采取的人感染 H7N9 流感防控措施和 H7 亚型禽流感病原检测情况，就下一步珠澳双方开展 H7N9 流感防控技术合作等进行了商讨。4 月 29 日，在中国台湾出现祖国大陆赴台确诊病例的情况下，广东出入境检验检疫局与相关航空、船务公司密切合作，加强赴台人员疫情防控工作。5 月 6 日，香港卫生署署长陈汉仪一行回访广东出入境检验检疫局，与李延辉局长、陈小帆副局长等就加强口岸疫情防控合作进行会谈，并就实验室检测、信息沟通与媒体发布、培训演练等达成合作意向。

98. 供港澳家禽注册场如何防控 H7N9 流感?

广东是供港澳活禽的主要供应地,广东出入境检验检疫局辖区(不含深圳、珠海)现有供港澳活禽注册场 36 家,年均供港澳活禽约 650 万只(羽),占内地供港澳活禽的 80%以上。广东出入境检验检疫局高度重视供港澳活动物检验检疫工作,把保障供港澳活动物安全稳定供应放在突出位置抓紧抓好,构建了供港澳活动物安全卫生保障长效机制,突出疫情防控与监测,强化风险监控,实施全过程监管,加强技术保障,建立协调机制,有效保障了供港澳活动物的卫生安全质量和稳定供应。

自 2013 年 3 月底国家卫生和计划生育委员会通报人感染 H7N9 流感病例后,广东出入境检验检疫局密切关注疫情发展可能对供港澳活禽供应产生的负面影响,及时组织做好疫情防控工作,进一步完善了应急处置预案,强化了对注册场巡查监管和疫情监测,落实离境前检测、人员防护、信息通报等工作措施,并对活禽实施供港澳出口前 5 天隔离检疫和批批检测 H5 和 H7 禽流感的严格措施。这些措施的落实,有效保障了供港澳活禽的卫生安全。

过去十多年来,广东出入境检验检疫局供港澳活禽注册场从未出现重大动物疫情,供港澳活禽之前也从未被港澳通报检出禽流感抗原阳性的情况;自 2013 年 4 月开展 H7N9 流感抗原监测,广东出入境检验检疫局辖区共供港澳活禽 2 900 批 552 万只(羽),共检测禽流感抗原 14.3 万份,所有活禽均检疫合格,港澳方面此前从未有卫生质量问题反馈。

2014 年 1 月 27 日,香港相关部门在一批来自广东佛山顺德的供港活鸡中,经反复检测,结果均显示对 H7 禽流感病毒呈阳性反应。香港食物及卫生局局长高永文 27 日晚当即宣布,将采取一系列措施来保障公众健康。当日香港在长沙湾临时家禽批发市场扑杀约 2 万只家禽,以防病毒扩散。

在香港方面通报检出 H7 抗原阳性后,广东出入境检验检疫局已连夜扩大采样比例和范围,对涉事养殖鸡场存栏活鸡进行复检,结果仍为阴性,结合日常监管和检测,该养殖鸡场目前未发现禽流感疫情。

据广东出入境检验检疫部门介绍，涉及此次事件的养殖场供港活鸡是自繁自养的，2013 年共供港澳活禽 30 万只。1 月 27 日该场供应香港的涉事批次活鸡在出口前临床检查状态正常，经检疫检测合格，且鸡场周边 13 km 范围内未有地方政府部门发布的环境样品、活禽样品或人感染 H7N9 流感的通报。

随后，广东出入境检验检疫局召开禽流感防控工作会议，部署了下一步 H7N9 流感防控工作。要求落实责任，强化病原监测。强化日常监管和疫情巡查，落实禽流感防控信息日报工作，强化出口前检疫工作。辖区内如出现禽流感疫情或病原监测出现阳性，立即按要求启动疫情应急处置预案。

针对 H7N9 流感疫情的严峻形势，为切实保障供港澳活禽和食用禽产品卫生安全，质检总局办公厅发出《关于加强供港澳活禽和食用禽产品禽流感监控工作的紧急通知》，要求各局严格对所有供港澳活禽注册/备案养殖场禽群开展禽流感病原的监测和免疫抗体监测。对每个注册/备案养殖场，按照养殖批，每季度必须进行不少于一次的禽流感（H5、H7、H9 亚型）病原学监测。只有抗体滴度检测和病原学检测结果均合格的活禽，方准予供应港澳市场。

珠海出入境检验检疫局针对 H7N9 流感对禽鸟致病力低、无临床症状的实际情况，出台多项措施强化监管，从而进一步加强了活禽从种苗输入到养殖、输出、运输全过程的严密监管体系。这些措施包括：一是提高供港澳活禽养殖场的注册登记条件，对供港澳活禽注册场进行了全面的检查清理，果断注销不符合注册条件的 1 家注册养殖场；二是对风险较高的种禽提出了管控条件，加强了对种苗来源种禽场的检疫检测；三是制定珠海供港澳活禽 H7N9 流感 H7 抗体实验室检测规程，统一了 H7 抗体监测周期和要求；四是对注册场日常和输出前监管提出更明确和具体的要求；五是对活禽承载笼具和运输车辆提出详细管理要求。

99．活禽快速通关如何开展 H7N9 流感监测？

长期以来香港和澳门特区广大市民所需鲜活农副产品，如其 100 多个主要集市六成以上活禽等，主要靠祖国大陆供应。1997 年中国香港禽流感事件以来，活禽供港澳屡经风雨，人感染禽流感乌云几乎年年笼罩在港澳上空。H7N9 流感事件发生后，我国内地和香港、澳门等地区数百次在禽类中检出 H7N9 病毒，从内地到香港接连发生人感染确诊病例，引起港澳各界高度关注，纷纷要求加强防控措施。随后各口岸加强出入境禽流感检疫查验和监督工作，并从源头开始加强各个环节的检疫监管，防止禽流感传入传出，确保供港澳活禽无禽流感状态。供港澳活禽注册场按规定做到 H5N1 禽流感 100% 免疫，并采用国家推荐专用疫苗，其供应和存放应保证质量，做好免疫接种记录，定期监测免疫抗体水平。活禽出口前 5 天应进行隔离检疫，临床健康检查应合格，每批按比例抽检抗体水平应达标，拭子样品荧光 RT-PCR 检测禽流感病毒应为阴性。对运输车辆、笼具进行严格彻底消毒，装载前后均应进行消毒处理，确保运输途中不染疫不散毒。在 H7N9 流感疫情发生后，严格按规定进行 H5 和 H7 亚型病毒监测，在暂停供应期间病毒监测结果应完全为阴性，待隔离期结束后才能恢复活禽供应。

2014 年 1 月 23 日起我国开始进行出口活禽 H7 抗体检测，结果合格才能供港澳。活禽出口前除开展 H7 亚型禽流感病原学检测，及时报告异常情况外，还进行 H7 禽流感抗体检测。采用计分制判定群体阳性。即 HI 试验结果 1∶16 滴度 1 个计 2 分，1∶32 计 4 分，1∶64 计 8 分，20 个检测样品合计达到 8 分判定为阳性，复检仍然为阳性则停止活禽供应港澳市场。

随着我国社会经济快速发展，为适应供港澳活禽快速通关需要，其输送渠道已经发生巨大变化。早期从全国 28 个省、直辖市调运鲜活物资供应港澳，所需周期长，通关时间和质量难以保证。如今珠三角已成为供港澳食品的主要生产基地，其中深圳、珠海为主要集散地，各地物资由此源源不断运往港澳市场。文锦渡和拱北为指定活禽出境通道，80%以上内地活禽由此出境，多数在早上 10 时前完成活禽通关工作。运输车辆走鲜活通道自动核放，几秒钟就能完成通关流程。其中货物检验由电子设备完成，尽可能缩短活禽通关时间。另外，各口岸根据节假日实际情况，可以弹性延长工作时间，实行预约通关等措施，确保活禽不滞关。这样就极大地降低了运输途中活禽感染和发生 H7N9 流感疫情的可能性。

100．冰鲜禽类产品出入境需要开展 H7N9 流感检测吗？

冰鲜禽类产品出入境是需要进行 H7N9 检测的。冰鲜禽类是指经符合检疫制度要求的动物屠宰、脱毛、去头、去尾、去气管、去内脏，并经冷却但未经速冻处理的禽胴体，温度（以后腿内部为测量点）在 24 h 内降为 0～4℃，并在后继的加工、流通和零售过程中始终保持在 0～4℃范围内的生鲜肉（吴凡等，2013）。

虽然目前大部分 H7N9 流感病毒感染人的病例呈高度散发状态，不同地区和人群感染 H7N9 流感病毒的风险不同，而通过流行病学的调查，也没有 100％的确定人感染 H7N9 流感的传染源，但是，从禽类体内及其分泌物或者排泄物中分离出的 H7N9 流感病毒与感染 H7N9 流感病毒的人体内分离出的毒株高度同源，根据以往国际上发现的 H7 亚型流感病毒推测，人感染 H7N9 流感的传染源极大可能是携带 H7N9 流感病毒的禽类及其分泌物或排泄物。所以，为了保证国民的身体健康和生命财产安全，在出入境检验检疫方面需要加强对该病毒的监控。

由于 H7N9 流感病毒在禽类中带毒不发病，具有很强的隐匿性，而 H7N9 流感病毒普遍对热敏感，但对于低温的抵抗力较强，禽流感病毒在较低温度的粪便中可存活 1 周，在 4℃水中可存活 1 个月（伍锡南等，2008）。所以冰鲜禽类产品并不能保证其不携带 H7N9 流感病毒或者携带没有活性的 H7N9 流感病毒。

包括禽流感在内的所有传染病的发生发展都需要有 3 个基本环节，即传染源、传播途径和易感人群。当这 3 个条件同时存在并且相互联系，并在自然条件和社会条件的协同作用下，才会造成疫病的蔓延与流行。缺少其中任一环节或者阻断它们之间的联系，疫病的流行就终止或不再蔓延。引起人感染 H7N9 流感的传播方式目前认为可能为直接接触禽、间接接触禽（与禽体或者相关部位、部分或者涉禽物品距离 1 m 以内）或者通过接触病毒污染的环境这三种方式（河南省疾病预防控制中心，2013）。冰鲜禽类产品进出境的检疫既能禁止境外的冰鲜禽类产品所携带的 H7N9 流感病毒进入国内，又能防止国内携带 H7N9 病毒感染的冰鲜禽类产品流出至境外，使得疫病得以大规模、大范围的传播。而冰鲜禽类产品在出入境过程中进行 H7N9 的检测目的是通过发现传染源，以便切断禽流感病毒的传播途径来控制 H7N9 流感病毒的传播。而通过有效的控制、确认 H7N9 流感病毒的传染源，还可以缩小疫病传染源的排查范围，节约大量的人力、物力。因此对出入境的冰鲜禽类必须进行 H7N9 流感病毒的检测。

101．口岸如何筛查 H7N9 流感患者？

2013 年 1 月 28 日，一名香港男孩由深圳皇岗口岸入境，红外测温系统显示其体温为 38.1℃，卫生检疫人员发现有发烧，咽喉肿痛等症状，采集拭子样品检测 H7N9 病毒为阳性，成为我国第一例口岸检出的 H7N9 流感病例。H7N9 流感疫情发生后，党和政府领导高度重视，加强疫情防控工作，防止疫情跨境传播，切实保障出入境人员的生命和健康安全。

首先，加强疫情监测和信息报告工作。节假日出入境人员较多，检验检疫机构应高度重视，密切关注人感染 H7N9 流感疫情动态，强化口岸疫情监测，与卫计委部门保持密切沟通和联系。检验检疫部门与农业、卫生、边防、海关、商务、质量技术监督、民航、铁道、交通、口岸等有关部门加强信息沟通，密切配合，依法开展口岸人感染 H7N9 流感卫生检疫工作（陈佳木，2014）。检验检疫机构组织检查和督导所辖口岸出入境人员人感染高致病性禽流感卫生检疫监测工作，工作中发现存在的问题能得到及时解决。禽流感防制工作要五个到位，即领导深入一线到位、检疫查验人员到位、各项工作制度到位、技术物资保障到位和工作落实措施到位。

口岸检验检疫机构重点加强对来自禽流感发生国家的入境交通工具和人员的卫生检疫，加强对发生禽流感省份的出境交通工具和人员的卫生检疫，按照口岸卫生检疫“八项制度”，即加强体温检测、健康申报、医学巡视、病人控制、通风消毒、疫情报告、自身防护和宣传教育工作，做到“五个不漏”，即出入境人员填写健康申明卡一个不漏、出入境人员测量体温一个不漏、体温在38℃以上者送医院一个不漏、上报疫情日报表一个不漏和收验保管健康申明卡一个不漏。对出入境人员中急性呼吸道感染患者开展监测工作，做到“五个及时”，即及时发现、及时报告、及时控制、及时消毒和及时预警。发生人感染高致病性禽流感疫情的口岸，应根据流行病学调查资料，采集标本并及时送到指定的检测实验室进行检验。各地发现人感染高致病性禽流感疑似或确诊病例时，应当在 1 h 内向直属检验检疫局报告，并同时向当地政府报告。直属检验检疫局应当在接到报告 1 h 内向国家质检总局报告，并同时向当地政府报告。国家质检总局应当及时向国务院报告。

其次，加强各口岸人员防控措施，责任到岗到人。口岸检验检疫机构加强领导，成立口岸防治高致病性禽流感工作领导小组，把口岸卫生检疫工作落到实处。将口岸检疫查验工作和防控措施分解到具体岗位，责任落实到人。如有可疑疫情，应组织有关人员等赶赴现场进行调查，尽快确定疫情，查明病因和疫情可能波及的范围，提出控制措施和建议。强化体温检测、医学巡查和健康申报工作，对出现流感样症状，如发热、咳嗽、呼吸困难的，立即进行流行病学调查和医学排查。同时，依法加强口岸食品卫生、饮用水卫生及环境卫生的监督管理，督导检查各项防治措施的落实，严防人感染 H7N9 流感在口岸区域内的发生。

口岸根据人感染高致病性禽流感判定标准进行疑似病例的初步判定，同时按照“口岸人感染高致病性禽流感卫生检疫应急处理流程图”(图 3)采取处理措施。初步判定的结果报防治高致病性禽流感工作领导小组，并进一步采取诊断措施。检测机构按照禽流感实验室检测技术方案的要求进行检测，阳性结果作为初步诊断的依据，报国家质检总局，并进一步做好最终确认工作。人感染 H7N9 流感的确诊必须由国家流感中心进一步检测，阳性结果必须由国家质检总局会同卫生部组织专家组进行最终确认。

第三，加强疫情信息宣传，开展医学教育和咨询服务工作。在各口岸查验场所、出入境等候区、保健中心等地建立 H7N9 流感宣传栏或电子宣传屏幕，发放宣传手册，以各种形式进行人感染 H7N9 流感防控知识宣传，告知出入境旅客有关疫情信息。

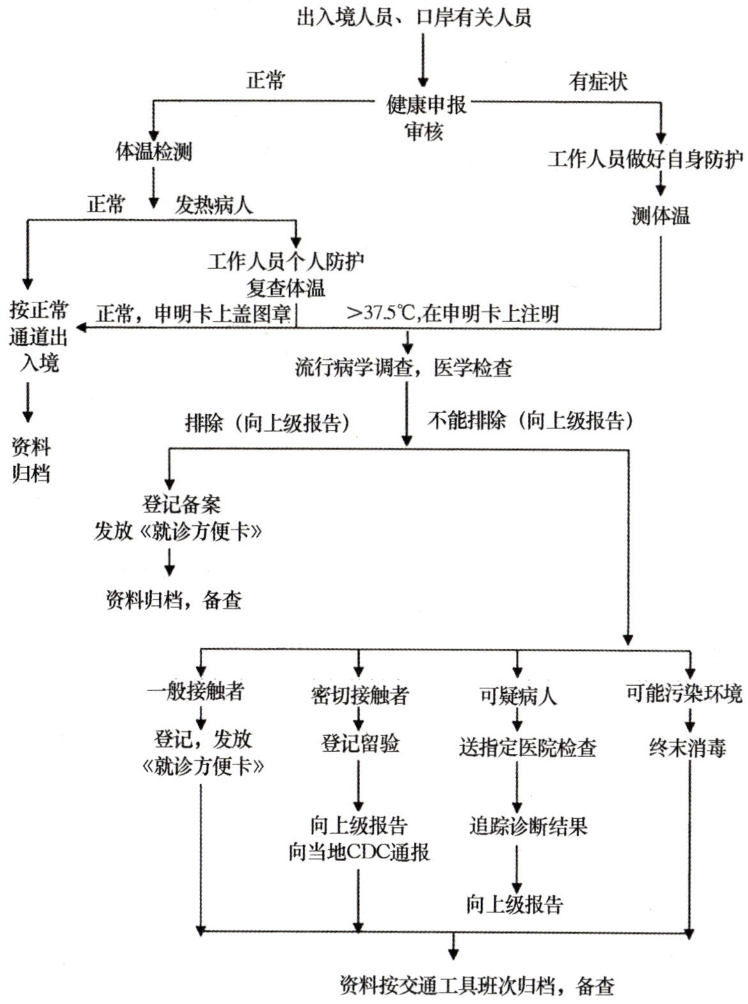

图 3　口岸人感染高致病性禽流感卫生检疫应急处理流程图

人感染 H7N9 流感疫情发生口岸要迅速采取多种形式，对出入境人员及口岸工作人员，广泛开展禽流感防治知识的宣传和健康教育，引导他们养成良好的卫生习惯，搞好厨房卫生，不生食禽肉和内脏，解剖家禽、家畜及其制品后要彻底洗手，提高出入境和口岸人员的自我防病意识和能力。同时，参照职业暴露人员防护指导原则做好检验检疫工作人员的自我防护工作。

第四，加强各部门间沟通合作，健全联防联控机制。出入境检疫部门与医疗卫生、边防、海关和交通单位密切沟通合作，确保各种沟通渠道畅通，及时对疑似病例进行移交和诊治，确定检测实验室和定点医院，确保密切接触者正常隔离检疫。

人感染 H7N9 疫情发生口岸要立即按照“口岸人感染高致病性禽流感流行病学个案调查表”（图 4）组织开展流行病学调查。同时做好流调人员和消毒人员的个人防护。在可能波及的范围内，开展疑似病例的搜索，追溯传染源，确定疫点范围；开展传染源、传播途径及暴露因素的调查。及时按照消毒技术方案做好疫点的消毒处理，对现症病人实行就地报告、就地隔离，尽快将

姓名：________ 性别：________ 年龄：________国籍/地区：________

出/入境时间：______年______月______日______时

车（船）次/航班号________车厢（牌）号________座（铺）位号________

护照/证件号码________专用救护车接病人时间________

联系电话：家庭________办公________手机________

家庭住址：____________________________

工作单位：____________________________

一、临床表现

1．症状体征（有打√）

A．发热 有 □ 无 □ 不详 □ B．咳嗽 有 □ 无 □ 不详 □

C．鼻塞 有 □ 无 □ 不详 □ D．流涕 有 □ 无 □ 不详 □

E．头痛 有 □ 无 □ 不详 □ F．咽痛 有 □ 无 □ 不详 □

2．体温测量________℃

3．发病时间：______年____月____日

二、流行病学因素调查

1．发病前两周内有无接触或食用禽类动物：a．有 b．无 c．不详

2．发病前两周内到过哪些地区：________________________

3．从事职业：

兽医□ 鸡饲养员□ 鸭饲养员□ 猪饲养员□ 行政管理人员□ 学生□ 教师□

餐饮业□ 商业服务□ 工人□ 农民□ 牧民□ 其他□

三、个案获得渠道

个人申报 □ 交通工具负责人申报 □

现场检疫查验发现 □ 口岸从业人员体检 □

四、追踪信息

转送医院________ 联系人________ 电话________

流调人员签名________

________年______月______日

__________出入境检验检疫局

图 4 口岸人感染高致病性禽流感流行病学个案调查表

病人转送指定医疗机构进行救治。对密切接触者进行预防性服药、留验，实行医学观察 10 天，必要时予以隔离。

第五，加强应急防控物资储备，确保口岸体温检测设备正常运转，卫生防护服和卫生处理器材得到充分保障。建立实验室检测网络，检测实验室应符合实验室生物安全有关规定和要求，配备专人负责，并选择技术水平高、责任心强的技术人员承担检测工作。加强对检验检疫人员业务培训，提高疫情调查处理、实验室检测工作水平。保障所辖口岸应急预防性药物（金刚烷胺、金刚乙胺、达菲等）、消杀器械和检测试剂等物资的储备和供应。

最后，加强卫生处理工作，有关人员应做好自我防护。对染疫工具和物品应按技术规范进行消毒和无害化处理。各级检验检疫机构与口岸有关部门密切协作，加强口岸食品、饮用水卫生监督管理，加大对口岸食品生产经营单位生产经营禽肉及其产品的监督力度，禁止使用和经营来自疫区的禽肉及其产品。加强与口岸食品生产经营单位禽肉供货单位联系，从源头严格控制，强化禽肉供货单位生产、加工、运输等过程的监督管理，确保禽肉供货单位的禽肉及其产品卫生安全；清理口岸环境卫生，开展消毒、灭蝇工作；对口岸人、畜粪便进行无害化处理，防止通过口岸引发禽流感疫情扩散。

102. 出入境 H7N9 流感检验检疫适用的法规和标准有哪些？

目前出入境检验检疫机构为了保障进出境禽类产品的安全与卫生，防止 H7N9 流感的疫情传入传出我国，保护我国禽类养殖业的生产安全和公民的身体健康，维护对外贸易的信誉，而加强对进出境禽类产品的检验检疫及监督管理（李玉冰，2007），针对进出境的禽类及其产品进行 H7N9 流感病毒检验检疫的依据主要如下：

（一）《中华人民共和国进出境动植物检疫法》和《中华人民共和国进出境动植物检疫法实施条例》

《中华人民共和国进出境动植物检疫法》中与出入境检验检疫关于禽类产品检疫的相关条款规定为：

第二章进境检疫第十五条　输入动植物、动植物产品和其他检疫物，经检疫合格的，准予进境；海关凭口岸动植物检疫机关签发的检疫单证或者在报关单上加盖的印章验放。输入动植物、动植物产品和其他检疫物，需调离海关监管区检疫的，海关凭口岸动植物检疫机关签发的《检疫调离通知单》验放。

第二章进境检疫第十六条　输入动物，经检疫不合格的，由口岸动植物检疫机关签发《检疫处理通知单》，通知货主或者其代理人作如下处理：检出一类传染病、寄生虫病的动物，连同其同群动物全群退回或者全群扑杀并销毁尸体。

《中华人民共和国进出境动植物检疫法实施条例》中与出入境检验检疫关于禽类产品检疫的相关条款规定为：

第二章检疫审批第九条　输入动物、动物产品和动植物病原体（包括菌种、毒种等）、害虫及其他有害生物的检疫审批，由国家动植物检疫局或者其授权的口岸动植物检疫机关负责。

第三章出境检疫第二十条　货主或者其代理人在动植物、动植物产品和其他检疫物出境前，向口岸动植物检疫机关报检。

第三章出境检疫第二十一条　输出动植物、动植物产品和其他检疫物，由口岸动植物检疫机关实施检疫，经检疫合格或者经除害处理合格的，准予出境。

（二）《中华人民共和国传染病防治法》

《中华人民共和国传染病防治法》中与出入境检验检疫关于禽类产品检疫的相关条款规定为：

第三十二条　港口、机场、铁路疾病预防控制机构以及国境卫生检疫机关发现甲类传染病病人、病原携带者、疑似传染病病人时，应当按照国家有关规定立即向国境口岸所在地的疾病预防控制机构或者所在县级以上地方人民政府卫生行政部门报告并互相通报。

第七十一条　国境卫生检疫机关、动物防疫机构未依法履行传染病疫情通报职责的，由有关部门在各自职责范围内责令改正，通报批评；造成传染病传播、流行或者其他严重后果的，对负有责任的主管人员和其他直接责任人员，依法给予降级、撤职、开除的处分；构成犯罪的，依法追究刑事责任。

（三）《重大动物疫情应急条例》

《重大动物疫情应急条例》中与出入境检验检疫关于禽类产品检疫的相关

条款规定为：

第五条　出入境检验检疫机关应当及时收集境外重大动物疫情信息，加强进出境动物及其产品的检验检疫工作，防止动物疫病传入和传出。兽医主管部门要及时向出入境检验检疫机关通报国内重大动物疫情。

(四)《中华人民共和国进境动物一、二类传染病、寄生虫病名录》

规定高致病性禽流感为一类动物疫病。

针对进出境的禽类产品进行 H7N9 流感病毒检验检疫的标准如表 3 所示(苏志明等，2006)。

表 3　进出境的禽类产品进行 H7N9 流感病毒检验检疫的标准

标准号	名称
GB/T 18936—2003	高致病性禽流感诊断技术
GB/T 19438.1—2004	禽流感病毒通用荧光 RT-PCR 检测方法
GB/T 19438.3—2004	H7 亚型禽流感病毒荧光 RT-PCR 检测方法
GB/T 19440—2004	禽流感病毒 NASBA 检测方法
GB 19441—2004	进出境禽鸟及其产品高致病性禽流感检疫规范
GB 19442—2004	高致病性禽流感防治技术规范
NY/T 772—2013	禽流感病毒 RT-PCR 试验方法
NY/T 771—2004	高致病性禽流感流行病学调查技术规范
NY/T 770—2004	高致病性禽流感监测技术规范
NY/T 769—2004	高致病性禽流感免疫技术规范
NY/T 768—2004	高致病性禽流感人员防护技术规范
NY/T 767—2004	高致病性禽流感疫区消毒技术规范
NY/T 766—2004	高致病性禽流感无害化处理技术规范
NY/T 765—2004	高致病性禽流感样品采集、保存及运输技术规范
NY 764—2004	高致病性禽流感疫情判定及扑灭技术规范
SN/T 1182.1—2004	禽流感微量红细胞凝集抑制试验
SB/T 10394—2005	流通领域高致病性禽流感监测技术规范
WS 284—2008	人感染高致病性禽流感诊断标准
国卫办医发〔2014〕6 号	人感染 H7N9 禽流感诊疗方案
SN/T 2093—2008	入出境人禽流感染疫交通工具卫生处理规程
SN/T 1182—2010	禽流感检疫技术规范
SN/T 2354—2009	国境口岸高致病性禽流感消毒规程

103．出入境与卫生、农业部门应如何开展 H7N9 流感联合防控?

我国经济保持着持续性的快速增长，禽类产品的消费需求也日益扩大，禽类的养殖总量也在持续增长，虽然防疫条件好的大型养禽场越来越多，但是我国 90%以上的养禽场仍属于防疫条件较差、规模较小的养禽场。虽然近几年冷冻和冰鲜禽肉的销售比重在不断上升，但卫生条件差、易于传播疾病的活禽市场在我国大部分地区仍广泛存在。(陈继明，2014；中国畜牧业年鉴编辑部，2012)

我国 H7N9 流感病毒的防控任务之所以十分艰巨，与上述我国养禽业基本状况密切相关，也存在一些其他原因(陈继明，2014)。首先，我国养禽总量持续增长，家禽饲养密度高，存在许多防疫条件差的小规模养禽场、家禽放养的养殖场和活禽市场。这些基本的家禽饲养和销售状况都有利于禽类疾病的传播，对于 H7N9 流感病毒的防控极为不利(Herrick et al.，2013)。其次，近年来我国生态环境显著改善和野生动物保护力度加大，使得野禽数量和采食栖息地不断扩大，而野禽携带的 H7N9 流感病毒对家禽，尤其是放养的家禽和防疫条件较差的小型养禽场，构成严重威胁(Cargona et al.，2009)。

面对着严峻的现实问题，单单依靠一个部门或者一个机构来防控 H7N9 流感病毒，是无法达到预期的防控效果的，需要出入境检验检疫机构、农业部、卫生部等部门联合防控，才能有效地控制 H7N9 流感病毒的发生发展，保障人类健康，并为我国禽类养殖业创造更好的生存环境和经济机遇。

一是加强组织领导，落实防控责任。出入境检验检疫部门、农业部门、卫生部门要充分认识 H7N9 流感病毒预防工作的重要意义，将疫情防控工作作为生态建设和保障民生的一项重要任务列入工作日程，按照属地管理的原则，加大对 H7N9 流感病毒防控资金的投入力度，加强 H7N9 流感病毒的防控体系建设，建立健全 H7N9 流感病毒的预防工作责任监督机制和责任追究制度，确保责任到位、工作到位、措施到位。出入境检验检疫机构主要负责进出境动物及动物产品的H7N9流感病毒的检疫、疫病控制、防疫监督和疫情通报工作。农业部门主要负责对国内流通领域H7N9流感病毒的检疫、疫病的控制、防疫监督和疫情通报工作。卫生部门负责人类发生H7N9流感病毒感染的疾病控制和疫情通报工作(张伯强,2008)。

二是做好监测预警,及时处置疫情。各级出入境检验检疫机构、农业主管部门、卫生主管部门要明确监测责任区和监测责任人,具有重要生态、经济价值需特别保护的区域开展常年定点监测和日常巡查,落实监测任务;要加强对H7N9流感病毒的潜在流行风险的认识,要向社会公布疫情举报电话,实行"有奖举报",提高疫情监测覆盖面,确保H7N9流感疫情能够及早发现、及早处置。

三是加强依法检疫,把好进出境防疫关口。各出入境检验检疫机构要加强国外进口和国内禽类动物及其产品的检验、检疫、检测。发现疑似禽流感病例,及时封锁疫区,严禁禽类动物及其产品进出,并作进一步确诊。病禽、疑似病禽群应予全部扑杀销毁作无害化处理。污染的环境、人员和器具严格消毒,预防健康带毒隐性传播,杜绝病毒的进入和输出。

四是科学规划家禽养殖和屠宰,遏制传染源。各省、自治区、直辖市政府行政主管部门应对本地区家禽养殖、屠宰加工、生产销售实行规划、规模、规则同步并举的方针。严格控制活禽交易和运输。全方位强化活禽的定点屠宰和监管。规范检验、检疫、检测程序和方法。严禁集市、菜场等销售场所无序屠宰活禽,净化生产、经营环境,加强消毒防疫,增强防疫功能,遏制传染源。

五是严格控制疫情,将疫情扩散风险降到最低。对发生H7N9流感的地区进行严密控制,以原发点为圆心,周围3 km的所有禽类动物全部宰杀并作无害化处理,5 km内的水禽采取强制性免疫。从源头到流通各个环节严格消毒和防控检查。

六是建立禽流感疫情信息系统,关注和搜集世界各国的疫情信息。由于病毒的灭活特性和漂移性与气象变化的密切关系,应注意搜集风向、风速、晴阴、盐度、湿度、气压等信息,有机融入防控措施,便于及时应对调整防控机制(林荣泉,2006)。

七是加强科学研究,加大H7N9流感病毒疫苗的研发工作。加大科研攻关力度，各出入境检验检疫部门、卫生部门、农业部门的科研机构抓紧对疫苗的研制，对禽(猪)、人传播链规律和防治措施进行科技课题立项，进一步攻克技术难点，促进我国 H7N9 流感病毒的防疫监控创新(林荣泉，2006)。

八是强化宣传普及，营造良好的防控舆论氛围。农业主管部门、卫生主管部门要充分利用广播、电视、报刊、网络等多种媒体，宣传 H7N9 流感病毒防控工作的重要性，普及 H7N9 流感病毒的发病特征和预防的基本知识；提高公众的防疫减灾意识，努力形成各级政府高度重视、社会各界大力支持、职能部门认真负责、经营主体积极防治的防控氛围。

104. 口岸如何进行 H7N9 流感防控？

H7N9 流感病毒在冬春季节最常发生，给养禽业带来了巨大的经济损失；同时，H7N9 流感病毒会感染人，引起人体的呼吸道及全身病症，甚至危及生命，引发严重的公共卫生安全问题。一旦 H7N9 流感病毒经口岸传入传出，不仅对人类的健康和动物生命安全造成严重威胁，还对人类的社会活动造成不便，更对农业、畜牧业造成重大打击，直接影响国民经济的正常有序发展。因此 H7N9 流感病毒的口岸防控工作尤为重要，预防 H7N9 流感病毒的关键是防止病毒的传入与扩散，由于近些年来，全球各个国家时有禽流感疫情的发生，因此口岸防控工作更是重中之重(杨明等，2011)。

(一)加强口岸防疫宣传，建立网络信息通报系统

冬春季节是 H7N9 亚型流感发生、传播的主要时节，一旦有 H7N9 亚型流感的发生，便可随着候鸟的迁徙，人群的流通，空气的流动等方式进行疫病的传播，进而引起新地区 H7N9 流感疫病的暴发。因此，口岸检验检疫机关应该以国家法律法规为依据、结合口岸的实际情况，提高卫生防疫意识和力度，加强口岸关于 H7N9 流感的宣传工作，尤其是应该通过相关资料的印发，电视、网络等传媒加大宣传的功效。目前，中国已经建立起比较完整的动物疫病检疫与防疫相关的法律体系：《中华人民共和国进出境动植物检疫法》及其实施条例、《中华人民共和国动物防疫法》等，准确涵盖并阐明了动物疫病防疫工作的各个方面。随着全球信息化的发展，网络已经成为信息交流的重要媒介，口岸检验检疫机关应该更好地利用这一工具。首先，自身建立内部信息通报交流系统中心，做好疫情信息的收集、编辑、汇报与发布，并制定出防治预案。其次，应加强与世界卫生组织（WHO）、世界动物卫生组织（OIE）的交流，建立网络链接与信息平台交流，做好全球最新疫病信息的及时收发和防控策略。再次，加强与口岸政府和口岸各机关的配合联防。防控工作是一项多部门的系统工程，需要群策群力，才能最大限度发挥防疫监督的职能作用，才能第一时间收集 H7N9 流感的疫情信息，防患于未然。

（二）加强口岸防疫措施的建设和人才队伍的培养

首先，加强口岸疫病防疫基础设施的建设，诸如，防疫、消毒、净化、检测工具的配备，口岸查验设施的建设，隔离场所的建设等等。其次，应该建设口岸防疫实验室，实验室的任务不仅包括口岸日常卫生的检测消毒和疫病的检测，还需要为疫病防治工作提供必要的技术支持。再次，应该利用自身资源，对不同岗位不同人员做出有针对性的培训，同时通过网络系统或实地调研，向疫病专家以及疫病防控工作做得较好的国家或部门学习防控知识和防控经验，以丰富的专业知识来武装头脑，技术与经验并举，把禽流感疫情拒之国门之外。最后，建立自身的专业人才储备库，这样不仅能加强人才的学习与交流活动，还能在实际防控工作中发挥其重要作用。

（三）加强口岸查验检疫力度

口岸查验检疫是预防、杜绝一切外来侵入性病害的门户及关键，在加强口岸查验检疫力度的同时，要以国家质检总局和农业部门近期关于 H7N9 流感的公告的内容为基础，结合口岸的实际情况予以应用和实施。

（1）加强出入境人员、物品及交通工具的检疫与防疫　随着全球一体化的不断发展，人员、物品的国际交流日益频繁，这就使得对外来人员防控难度加大，禽流感病毒的传入渠道增多，使得 H7N9 流感疫情的防控工作面临更大的考验。为更好地保护人民的身体健康和生命安全，出入境检验检疫机关更应该加强口岸检疫与防疫工作，加大口岸防疫检疫的经费投入，建立视频监控防控系统，完善防控设备建设，如：配备检疫犬、X 光机以及其他卫生检疫设备，提高疫情的检出率，并尽可能把交通工具和携带物品纳入疫情监测工作中，同步开展 H7N9 流感疫情的传入传出风险评估，彻底切断 H7N9 流感病毒经口岸传入传出的途径。

(2)加强进出口动物及其制品的检疫　近些年来，随着经济的飞速发展，人民生活水平的不断提高，进出口禽类和禽类产品的数量也在不断增多，与此同时，禽类和禽类产品进出境时出现的问题也日益增多，检验检疫机构上报的疫情也有所增加。中国的商品贸易逐渐与世界接轨，在适应国际贸易模式、法律标准的同时，检验检疫的相关技术也应与时俱进，加强现场检验检疫的把关力度，应用各种现代化的科学技术将 H7N9 流感疫情阻断、隔绝。

(四)建立突发事件的应急机制

应对 H7N9 流感疫情的突发事件，可以从两个方面着手。首先，应该定期开展应急演练，提升应急管理水平。在具备了专业的人才队伍和防控设备的同时，只有投入到实际操作中，才能锻炼其能力，显其锋芒；在演练过程中，每个人不仅可清楚了解自己的角色，熟悉自己的任务，还能提高自己的应急处置能力和专业技术水平。在演练过后，及时做好演练过程的总结，查找问题，制定新的行之有效的措施，才能确保针对 H7N9 流感疫情的应急管理的及时、科学、规范、有效和快捷。其次，根据法律法规以及政府规定，结合各个口岸的实际情况，制定出明确完善的应急预案。预案中应指明各岗位的责任负责人，一旦发生疫情，由各责任人负责，立即启动应急预案，以保证疫情传播的快速阻断，迅速扑灭，保护人民的身体健康和生命安全，保障国民经济的正常发展。

105. 活禽市场对 H7N9 流感及跨境贸易的影响是什么？

最近几年，高致病性禽流感在全球广泛发生(Machalaba et al.，2015；Sonnberg et al.，2013；To et al.，2012)，我国有 H5N1、H5N3、H5N6 和 H5N8 亚型。H5N1 亚型还见于亚洲其他国家和非洲，H5N2 亚型见于北美洲，H5N6 还见于东南亚其他国家等地，H5N8 亚型独立存在于东亚、西欧和北美三个地区。低致病性禽流感呈全球散发状态，除 H5 和 H7 亚型外，个别地区出现其他亚型，如 H9N2、H10N8、H10N7、H11N2 等。其中 H9N2 亚型禽流感在我国持续流行数十年(Sun et al.,2015;Jiang et al.,2012),养禽业受到广泛感染,呈现发病提早、死亡率高、水禽传播、免疫失败和人兽共患等新的流行病学特征,造成家禽产蛋率和肉料比下降,死淘率和抗体合格阈值上升。1998年以来H9N2病毒引起中国内地和香港人类感染病例,甚至重组产生H7N9病毒,对人类健康带来重大危害。目前针对主要流行毒株h9.4.2.5分支疫苗免疫效果不足,需要研制h9.4.2.6新流行分支的相应疫苗(Chen et al.,2011)。活禽市场陆禽和水禽共存,H9N2病毒交叉传播和重组,产生禽流感病毒新亚型,提示需要加强活禽市场管理。

活禽消费是我国许多家庭固有的传统习惯,很多人热衷现宰现杀的家禽消费方式。家禽羽毛颜色、胫的颜色等表型特征,在很大程度上影响着老百姓购买活鸡的欲望,为现宰现杀这种活禽消费方式提供了生存空间。目前,我国大部分地区有活禽批发市场,小贩从活禽批发市场购买后拿到集市出售,在集市摊档现场屠宰后,市民再带回家烹饪,成了普遍现象。2013年我国上海、安徽、浙江等十多个地区发现137例以上人感染H7N9病毒病例,是全球首次发现的新型重配流感病毒引起的,距离荷兰曾经出现的首例H7亚型流感病毒致人类死亡病例已经10年。H7N9流感暴发后,流行病学调查显示80%以上患者具有活禽市场暴露史。活禽市场或环境中的H7N9病毒与患者的病毒序列分析高度同源,与活禽接触的人群H7N9抗体阳性率较高。活禽市场中鸡和鹌鹑的H7N9流感病毒检出率较高。关闭活禽市场后人类H7N9疫情得到有效控制。

中国动物疫病预防控制中心对我国活禽市场五年调查表明,冬春季节禽流感病毒检出率较高,南方地区病毒污染较重,市场内污水和案板病毒核酸阳性率较高。例如,广东省江门市活禽市场2013年度A型流感病毒阳性率达到15.16%,其中鹌鹑H7N9亚型阳性率更是高达25.64%。又如,广东省阳江市2013年12月调查活禽市场H7N9病毒阳性率达到24.75%。我国南方地区成为H7N9流感防控重点地区,关闭活禽市场后人类感染病例下降97%以上(张烨等,2015)。同时应加强对禽类运输和销售环节的管理。如广东、香港实行活禽市场休市制度,香港还禁止销售水禽和鹌鹑。又如,美国活禽市场实行许可证制度,在市场监测中禽流感病毒为阳性就必须关闭。

2013 年 8 月 10 日广东省通报惠州市首例人感染 H7N9 病例，对有关活禽市场检测发现 3 份 H7N9 病毒阳性，测序分析说明病毒同源性很高，提示加强活禽市场管理对防控人患 H7N9 流感具有重要意义。2013 年 11 月 17 日一名 36 岁印度尼西亚女佣从香港到深圳吃鸡，4 天后出现呼吸症状住院，在香港确认为首例人感染 H7N9 患者。广东省接到通报后协助调查，要求深圳加强活禽市场管理，暂停活鸡供港，各口岸加强查验和消毒。随后 12 月 6 日香港方面又确诊第二例患者，经医治无效死亡。该患者 80 岁，3 天前曾在深圳家中吃鸡，发病后前往香港治疗，检出 H7N9 病毒感染。祖国内地和香港协同排查，未发现相关人员出现异常，其间深圳市活禽市场处于关闭状态。2014 年底香港又从广东惠州供港的 1 200 只活鸡中检出 H7N9 抗体和病毒，在长沙湾活禽市场扑杀 1.5 万只，休市 21 天。惠州市对有关注册场进行复查，对 1.3 万只活禽进行无害化处理。同年 3 月珠海某供港澳注册场检出 H7N9 病毒，扑杀销毁 8 万只鸡。

供港澳活禽主要来自广东、海南等地，其中广东省供港澳活禽注册场 36 家，年均供港澳活禽约 650 万羽(只)，占 80%以上市场份额。2014 年 H7N9 疫情使港澳和祖国内地停市和休市，养殖业陷入困境，省内有关企业曾联名致信政府部门，呼吁加大对家禽业的扶持力度。

我国每年禽类制品出口额约 8 亿美元，活禽等非加工商品占 40%。H7N9 疫情发生后，日本等国家以我国发生高致病性禽流感疫情为由，暂停进口我国家禽及产品。

106. 候鸟跨境传播 H7N9 流感，口岸工作如何开展？

候鸟在 H7N9 流感跨境传播过程中发挥了主要作用。鸟类迁徙是适应自然环境的本能反应，每年春秋两季沿着固定的路线往返于繁殖地和避寒地之间。目前有八条全球候鸟迁徙路线(http://niaolei.org.cn/)。第一条为跨越整个大西洋连接西欧、北美东部及西非狭长地带的“大西洋迁徙线”。第二条为连接东欧和西非的“黑海地中海迁徙线”。第三条为跨越印度洋，连接西亚和东非的“东非西亚迁徙线”。第四条为从南到北横穿整个亚洲大陆的“中亚迁徙线”。第五条为跨越印度洋、北冰洋和太平洋，连接东亚和澳大利亚大陆的“东亚澳大利亚迁徙线”。第六条为贯穿整个南、北美洲太平洋沿岸的“美洲太平洋迁徙线”。第七条为贯穿整个南、北美洲中西部的“美洲密西西比迁徙线”。第八条为将南、北美整个东部连接在一起的“美洲大西洋迁徙线”。其中，第三、四、五条路线经过我国，“东非西亚迁徙线”的候鸟从蒙古进入新疆，跨越青藏高原后进入印度半岛，飞跃印度洋，最后在非洲落脚；“中亚迁徙线”从西伯利亚进入我国，最后在印度半岛繁衍生息；“东亚澳大利亚迁徙线”则从美国阿拉斯加到澳大利亚西太平洋群岛，繁衍后再北上，经过我国的东部沿海省份，丹东鸭绿江口是东亚澳大利亚线候鸟迁徙通道上的关键停歇站，为涉禽鸟类迁徙的必经之地。

世界动物卫生组织（OIE）认为禽流感病毒有两种主要的传播方式，除国际贸易体系漏洞传播外，另一个重要的传播方式就是野禽迁徙传播。流感病毒全部亚型均存在于各种鸟类中，鸟类是流感病毒的基因库和抗原库，成为禽流感的主要传染来源（Machalaba et al.，2015；Conan et al.，2012）。候鸟迁徙可将流感病毒带到世界任何角落，在地球北极圈各种候鸟迁徙路线会聚，产生病毒交互感染，其主要迁徙路线覆盖我国大部分区域，成为流感和禽流感高发地区。2005 年我国青海省鸟岛保护区发生 H5N1 高致病性禽流感，死亡野生鸟类 6 349 只。经调查确认是候鸟迁徙引起的。这些候鸟每年四五月飞来，八九月离去，引起首次发生大批死亡的高致病性禽流感疫情。这给如何搞好边境防控工作提出了挑战，也是 H7N9 流感防控的难点之一。我国科学家对 H7N9 病毒的基因溯源研究结果显示，新型病毒是由东亚野禽和华东鸡群禽流感病毒基因重配产生的，这说明候鸟对 H7N9 病毒产生和传播具有重要意义，也给口岸检疫工作提出了挑战。

候鸟迁徙范围广、影响面积大，几条主要迁徙路线都可能对中国造成影响。应配合候鸟监测工作，对鸟类不明原因死亡进行调查研究，采取相应的防控措施。在候鸟迁徙季节应扩大监测范围，雁鸭、鹌鹑等候鸟是重点监测对象，对防控 H7N9 病毒意义重大。加强口岸出入境人员携带野生禽鸟的检疫查验力度，对行李、邮包、交通工具等进行消毒和无害化处理。

在口岸动物检疫工作中，应主动开展境外动物疫情信息收集工作，减少防控工作的盲目性。积极参与边境地区迁徙候鸟疫病监测工作，与动物防疫和林业部门配合，防止高致病性禽流感传入传出。保证口岸防控工作资金，建立长效工作机制，加强应急响应能力。

107. 跨境电子商务如何开展 H7N9 流感检验检疫工作?

电子商务以信息网络开展商务活动，可以大幅提高企业的生产经营效率。近年电子商务在全球异军突起，我国跨境电子商务交易额年均增长 30%，外贸产业链布局发生显著改变，国际影响力大大增强。电子商务日益繁荣，方便了全球各地商品大流通，也成为外来动物疫病和人兽共患病人为传播新的重要途径。我国“三通一达”(申通、圆通、中通与韵达快递公司)等快递公司走街入巷，人们耳熟能详，其网络遍布全国各地，使动物检疫和出入境检疫工作面临新的挑战(武建生，2015)。网商店铺不集中，看不到实物，不方便开展执法检查，其贸易活动直接面向全国甚至全球消费者，大大增加了禽流感等重大动物疫病传播的风险性。

国家大力推动跨境电子商务发展，同时也应按照“抓质量，保安全，促发展，强质检”的工作方针，推动电子商务健康有序发展。跨境电子商务批次多、数量少、品种杂，通过快递或邮寄方式运输，检疫监管风险大。禽类及其产品未经检疫申报出境入境，极大地增加了禽流感传入传出风险。检验检疫工作应进行风险管控，开展科学分析，严格检疫，防止禽流感等重大动物疫病通过网购产品进入国内或传出。检验检疫部门应与海关、商务部门协作，主动防控重大动物疫病传入传出，推动电子商务进一步发展。在进境电商检验检疫工作中，对不同货物要求不同。动植物类商品需要进境动植物许可证，禽类和禽类产品禽流感检疫属法检要求，H7N9 病毒按高致病性禽流感进行检验检疫。

禽流感属于进出境动物检疫的重要检疫对象，应在电商重要环节开展检疫工作，如在中转站、营业网点等环节进行监测，使用 X 光机、检疫犬等方法发现动物和动物产品等可疑物品，并依法加以处理。动物检疫部门应加强宣传教育工作，提高人们对动物检疫工作的认识水平，能依法依规开展电子商务工作。电商发货人应主动申报动物检疫，提供动物检疫证书，快递公司应严格验货，配合动物检疫工作的进行。跨境电子商务动物检疫工作应做到进得来、管得住和放得快，目标是源头可追溯，过程可控制，流向可追踪。当务之急是紧随跨境电子商务发展，加强软硬件建设，集中申报和办理，加强线上监管和事后监管，对产品进行合格鉴定和安全项目把关。

参考文献

陈佳木，宋诚本，周玮，等. 2014. 口岸卫生检疫在国家公共卫生体系中的战略定位[J]. 中国国境卫生检疫杂志，(6):409-412.

河南省疾病预防控制中心. 2013. 科学预防 H7N9 禽流感知识问答[M]. 郑州：河南科学技术出版社.

李玉冰. 2007. 对美国禽肉检验检疫制度与我国相关制度的比对与应对研究[D]. 武汉：华中农业大学.

林荣泉. 2006. 禽流感检疫检验鉴定与预防监控[J]. 肉类工业，(2):41-44.

苏志明，李景，孙新华，等. 2006. 中国、美国与欧盟预防禽流感的措施综述[J]. 标准化研究，5：25-27.

唐耀武. 2009. 从 WHO 全球流行性感冒预案谈相关防控措施[J]. 中华预防医学杂志，43(10)：846-848.

吴凡，袁政安. 2013. H7N9 禽流感问答[M]. 上海：第二军医大学出版社.

伍锡南，谷硕，周俊平，等. 2008. 禽流感研究进展与口岸防控对策[J]. 旅行医学科学，14(3)：1-4.

武建生. 2015. 跨境电子商务检验检疫监管探讨[J]. 中国国门时报，2015-12-16(3).

杨明，王树成，马磊，等. 2011. 春季口岸禽流感的诊断与防控[J]. 口岸卫生控制，16(6)：4-6.

张伯强. 2008. 外来动物疫病口岸防控的现状分析与对策[D]. 南京：南京农业大学.

张烨，李晓丹，邹淑梅，等. 2015. 2009—2013 年我国活禽市场环境样本中禽流感病毒的检测[J]. 病毒学报，(6):615-619.

中国畜牧业年鉴编辑部. 2012. 中国畜牧业年鉴[M]. 北京：中国农业出版社.

朱迪国，宋建德，黄保续. 2015. 当前全球禽流感流行概况及特点分析[J]. 中国动物检疫，(3):41-47.

Abdelwhab E M, Veits J, Mettenleiter T C. 2014. Prevalence and control of H7 avian influenza viruses in birds and humans[J]. EpidemiolInfect, 142(5): 896-920.

Belser J A, Bridges C B, Katz J M, et al. 2009. Past, present, and possible future human infection with influenza virus A subtype H7[J]. Emerg Infect Dis, 15(6): 859-865.

Cardona C, Yee K, Carpenter T. 2009. Are live bird markets reservoirs of avian influenza? [J].

Poult Sci, 88(4):856-859.

Chen F, Yan Z Q, Liu J, et al. 2012. Phylogenetic analysis of hemagglutinin genes of 40 H9N2 subtype avian influenza viruses isolated from poultry in China from 2010 to 2011[J]. Virus Genes, 45(1): 69-75.

Conan A, Goutard F L, SornS, et al. 2012. Biosecurity measures for backyard poultry in developing countries: a systematic review[J]. BMC Vet Res, 8: 240.

Gao R, Cao B, Hu Y, et al. 2013. Human infection with a novel avian-origin influenza A (H7N9) virus[J]. N Engl J Med, 368(20): 1888-1897.

Herrick K A,HuettmannF,Lindgren M A. 2013. A global model of avian influenza prediction in wild birds:the importance of northern regions[J]. Vet Res,44(1):42.

Jiang W, Liu S, Hou G, et al. 2012. Chinese and global distribution of H9 subtype avian influenza viruses[J]. PLoS One, 7(12): e52671.

Machalaba C C, Elwood S E, Forcella S, et al. 2015. Global avian influenza surveillance in wild birds: a strategy to capture viral diversity[J]. Emerg Infect Dis, 21(4): e1-7.

Pfeiffer D U, Otte M J, Roland-Holst D, et al. 2011. Implications of global and regional patterns of highly pathogenic avian influenza virus H5N1 clades for risk management[J]. Vet J, 190(3): 309-316.

Poovorawan Y, Pyungporn S, Prachayangprecha S, et al. 2013. Global alert to avian influenza virus infection: from H5N1 to H7N9[J]. Pathog Glob Health, 107(5): 217-223.

Sonnberg S, Webby R J, Webster R G. 2013. Natural history of highly pathogenic avian influenza H5N1[J]. Virus Res, 178(1): 63-77.

Sun Y, Liu J. 2015. H9N2 influenza virus in China: a cause of concern[J]. Protein Cell, 6(1): 18-25.

To K K, Ng K H, Que T L, et al. 2012. Avian influenza A H5N1 virus: a continuous threat to humans[J]. Emerg Microbes Infect, 1(9): e25.

WHO interim planning guidance for rapid containment of the initial emergence of pandemic influenza. http://www. who. int/csrdisease/avian _ influenza/guidelines/draftprotocol/en/index. html.

WHO. Meeting on options for increasing the access of developing countries to H5N1 and other potential pandemic vaccines[EB/OL]. (2007-04-20)[2009-08-06]. http://www. who. int/media. centre/events/advisories/2007/ma12/en/index. html.

WHO. 抗病毒药物的推荐使用问题[EB/OL]. http://www. who. int/csr/disease/swineflu/notes/h1n1_use_antivirals_20090820/zh/.

Yang F, Wang J, Jiang L, et al. 2013. A fatal case caused by novel H7N9 avian influenza A virus in China[J]. Emerg Microbes Infect, 2(4): e19.